烟草内生菌新物种多相分类鉴定

刘冰冰 著

黄河水利出版社
·郑州·

图书在版编目(CIP)数据

烟草内生菌新物种多相分类鉴定/刘冰冰著. —郑州：黄河水利出版社,2019.11
 ISBN 978-7-5509-1349-3

Ⅰ.①烟… Ⅱ.①刘… Ⅲ.①烤烟-内生菌根-细菌分类-鉴定 Ⅳ.①S572

中国版本图书馆 CIP 数据核字(2019)第 247217 号

组稿编辑：贾会珍　电话：0371-66028027　E-mail：110885539@qq.com

出 版 社：黄河水利出版社　　　　　　　　　　　网址：www.yrcp.com
　　　　　地址：河南省郑州市顺河路黄委会综合楼 14 层　邮政编码：450003
发行单位：黄河水利出版社
　　　　　发行部电话：0371-66026940、66020550、66028024、66022620(传真)
　　　　　E-mail：hhslcbs@126.com
承印单位：河南新华印刷集团有限公司
开本：890 mm×1 240 mm　1/16
印张：8.5
字数：200 千字　　　　　印数：1—1 000
版次：2019 年 11 月第 1 版　　印次：2019 年 11 月第 1 次印刷
定价：48.00 元

前　言

烤烟作为我国重要的经济作物，其种植过程中会产生连作障碍、重金属富集、土壤养分降低、环境污染等严重问题，不仅制约了经济的发展，而且对人类健康产生深远影响。因此，很长一段时间，研究者们都在寻求一种经济、环保、健康的方法来减少烤烟种植生产中的不利影响。微生物技术成为烤烟种植生产中常用的解决方案，如：利用微生物制剂来解决农业生产中病虫害；微生物菌剂能够将烤烟根系分泌物的有害物质降解转化为自身生长所需碳源、氮源或者能源，从而达到降解有害分泌物，促进植物生长的目的；利用微生物促生菌菌肥促进农作物生长等。植物内生菌与植物长期进化适应过程中形成了稳定的微生物群落，为了能进一步开发烤烟相关微生物产品获得烤烟相关纯培养微生物资源就显得尤为重要。

本研究以云南印象山庄烤烟 K326 及五种香料植物为研究对象，采用纯培养手段对烤烟不同间作类型的植物内生细菌进行研究。自主设计适合本研究材料的分离培养基，以旺长期及稳定期植物为研究对象，从旺长期烤烟植物中共分离出 193 株内生细菌，分布于塚村氏菌属（*Tsukamurella*）、鞘氨醇杆菌属（*Sphingobacterium*）、微杆菌属（*Microbacterium*）、短杆菌属（*Brevibacterium*）、节杆菌属（*Arthrobacter*）、无色小杆菌属（*Achromobacter*）、短芽孢杆菌属（*Brevibacillus*）、假单胞菌属（*Pseudomonas*）、链霉菌属（*Streptomyces*）、糖丝菌属（*Sphingopyxis*）、微球菌属（*Micrococcus*）、芽孢杆菌属（*Bacillus*）、剑菌属（*Ensifer*）、红球菌属（*Rhodococcus*）、苍白杆菌属（*Ochrobactrum*）、根瘤菌属（*Rhizobium*）、小陌生菌属（*Advenella*）、短小杆菌属（*Curtobacterium*）、拟诺卡氏菌属（*Nocardiopsis*）、类诺卡氏菌属（*Nocardioides*）、罗氏菌属（*Rothia*）、鞘氨醇单胞菌属（*Sphingomonas*）、微胞菌属（*Microcella*）、短波单胞菌属（*Brevundimonas*）、甲基杆菌属（*Methylobacterium*）、贪食菌属（*Variovorax*）、亮杆菌属（*Leucobacter*）、德沃斯氏菌属（*Devosia*）、考克氏菌属（*Kocuria*）、小短杆菌属（*Brachybacterium*）、假诺卡氏菌（*Pseudonocardia*）、涅斯捷连科氏菌属（*Nesterenkonia*）、动孢放线菌属（*Actinokineospora*）、农球菌属（*Agrococcus*）34 个属和 3 个潜在新属的 60 个种。从稳定期五种间作类型的植物中共分离到 704 株微生物，共分布于 65 个属 136 个种，其中从烤烟植物中共分离到 266 株微生物，分布于 40 个属的 96 个种，其中塚村氏菌属（*Tsukamurella*）、鞘氨醇杆菌属（*Sphingobacterium*）、微杆菌属（*Microbacterium*）、短杆菌属（*Brevibacterium*）、无色小杆菌属（*Achromobacter*）、短芽孢杆菌属（*Brevibacillus*）、糖丝菌属（*Sphingopyxis*）、微球菌属（*Micrococcus*）、剑菌属（*Ensifer*）、红球菌属（*Rhodococcus*）、苍白杆菌属（*Ochrobactrum*）、小陌生菌属（*Advenella*）、短小杆菌属（*Curtobacterium*）、拟诺卡氏菌属（*Nocardiopsis*）、罗氏菌属（*Rothia*）、鞘氨醇单胞菌属（*Sphingomonas*）、微胞菌属（*Microcella*）、短波单胞菌属（*Brevundimonas*）、甲基杆菌属（*Methylobacterium*）、贪食菌属（*Variovorax*）、亮杆菌属（*Leucobacter*）、德沃斯氏菌属（*Devosia*）、考克氏菌属（*Kocuria*）、小短杆菌属（*Brachybacterium*）、假诺卡氏菌属（*Pseudonocardia*）、类诺卡氏菌属（*Nocardioides*）、涅斯

捷连科氏菌属(*Nesterenkonia*)、动孢放线菌属(*Actinokineospora*)、农球菌属(*Agrococcus*)及3个潜在新属为首次在烤烟植物内分离出来。从旺长期与稳定期总共获得30株内生真菌,分布于黑曲霉(*Aspergillus niger*)、杂色曲霉(*Aspergillus versicolor*)、草本枝孢(*Cladosporium herbarum*)、沃特曼篮状菌(*Talaromyces wortmannii*)、嗜松篮状菌(*Talaromyces pinophilus*)、毛栓菌(*Trametes hirsuta*)、桔青霉(*Penicillium citrinum*)、菲律宾青霉(*Penicillium freii*)、雪白丝衣霉(*Byssochlamys nivea*)9个属。

对其中的7个潜在细菌新分类单元进行多相分类鉴定,判断其进化地位。YIM 2047D[T], YIM 2047X 代表梅泽氏菌属(*Umezawaea*)的新种分类单元,命名为内生梅泽氏菌(*Umezawaea endophytica*);YIM 2617[T] 和 YIM 2617-2 代表海洋黄球菌属(*Mariniluteicoccus*)的新种分类单元,命名为内生海洋黄球菌(*Mariniluteicoccus endophyticus*);YIM 2755[T] 代表鞘氨醇杆菌属(*Sphingobacterium*)的新种分类单元,命名为内生鞘氨醇杆菌(*Sphingobacterium endophyticus*);YIM 7505[T] 代表弯曲杆菌属(*Flexivirga*)的新种分类单元,命名为:内生弯曲杆菌属(*Flexivirga endophytica*);YIM 75677[T] 代表动球菌属(*Kineococcus*)的新种分类单元,并被命名为粘着动球菌(*Kineococcus glutineturens*);菌株 YIM 75926[T] 代表假诺卡氏菌属(*Pseudonocardia*)的新种分类单元,命名为元谋假诺卡氏菌属(*Pseudonocardia yuanmoensis*);YIM 016[T] 代表类芽孢杆菌属(*Paenibacillus*)的新种分类单元,命名为嗜冷类芽孢杆菌(*Paenibacillus frigoriresistens*)。

作 者
2019年9月

目 录

前 言
第1章 研究综述 ……………………………………………………………… (1)
  1.1 烟草种植存在的问题及解决办法 ……………………………………… (1)
  1.2 植物内生菌 ……………………………………………………………… (2)
  1.3 微生物潜在新物种的鉴定及意义 ……………………………………… (8)
  1.4 本书的研究内容及意义 ………………………………………………… (8)
  参考文献 ……………………………………………………………………… (8)
第2章 原核微生物多相分类鉴定 …………………………………………… (15)
  2.1 形态学鉴定 ……………………………………………………………… (15)
  2.2 生理生化特性 …………………………………………………………… (18)
  2.3 化学分类实验 …………………………………………………………… (23)
  2.4 分子系统学实验 ………………………………………………………… (32)
  2.5 菌株构建系统进化树 …………………………………………………… (37)
  2.6 菌株基因组测序及分析 ………………………………………………… (37)
  参考文献 ……………………………………………………………………… (37)
第3章 潜在新物种多相分类鉴定 …………………………………………… (39)
  3.1 实验材料 ………………………………………………………………… (39)
  3.2 实验方法 ………………………………………………………………… (39)
  3.3 结果与分析 ……………………………………………………………… (39)
  3.4 讨 论 …………………………………………………………………… (128)
  参考文献 ……………………………………………………………………… (129)

第 1 章　研究综述

1.1　烟草种植存在的问题及解决办法

1.1.1　烤烟连作障碍

中国是烟草大国，每年烤烟生产及消费均占全球的 1/3 以上，我国烤烟的种植面积达到 2 000 多万亩（1 亩 = 1/15 hm²）。烤烟生产是我国重要的经济产业，给国民经济带来巨大效益。烤烟的种植出现的众多问题，往往会影响烤烟的产量及质量，其中最主要的就是烤烟连作障碍。由于特殊的地理气候，云南省生产的烤烟质量及品质比国内其他地方高，但是烤烟连作降低了烤烟产量增加了病虫害，影响了烤烟产量及品质的提高，严重制约了经济的增长，采用合理的耕作方式，尤其是选用生物防治的方法可以达到绿色环保的目的。烤烟的单作种植降低盐田生物多样性，一定程度上降低了烤烟的品质，同时也降低了烤烟的附加值。烤烟连作现象普遍，严重威胁烤烟种植地的土壤健康及烤烟的可持续生产。土壤中的 pH 通过调节植物根表面细胞及土壤离子的相互作用来影响植物对营养成分的利用。烤烟的连作使得土壤的 pH 逐渐降低，尤其是病害比较严重的土壤 pH 的降低更为严重。酸性土壤增加了土壤中真菌尤其是病原真菌的数目，降低了细菌的含量，打破了土壤环境的微生物平衡，使得土壤中微生物多样性降低，影响了土壤质量。病原菌在土壤中的积累，使得烤烟得病率增加，产量及产品质量降低。一味地施加农药，又会造成烤烟农药残留及土壤的结构破坏，降低了烤烟的品质，严重制约了我国经济的可持续发展。同时烤烟连作会导致土壤速效磷、速效钾的含量降低，可能是烤烟的连作抑制了土壤中的缓效钾到速效钾的转化，同时加速了可溶性磷固定为不可溶性磷化合物。

连作能够导致土壤酸化、有机质含量降低、营养成分比例失调，对烤烟的生长发育产生不利影响。进而对烤烟品质的提高产生影响。选用生态合理的种植方式，用生物相作来解决连作障碍、增加产量，是一种持续有效的方法。在农业生产中，选择一种经济、有效、环保、科学且能增加产品附加值的种植方式就显得尤为重要。选用间作的耕作方式可以减少连作对农作物的危害，改善土壤质量同时增强植物的抗逆性。

1.1.2　烤烟间作的有利因素

目前，在烤烟的农业生产过程中，用间作代替单作或轮作越来越多地应用于实际生产中。间作能够提高烤烟的产量，烤烟与甘薯的间作，可提高中上等烟的比例，降低下等烟的比例；间作处理能明显提高烤烟总糖、还原糖的含量及糖碱比，同时降低氯的含量。间作能够维持土壤肥力，在改善土壤根际健康微生态的维持方面具有重要的作用。烤烟与白菜、结球甘蓝和豌豆的间作,能够明显提高烤烟根际土细菌的多样性,不同程度地降低烤烟根土中致病菌的相对丰度,在一定程度上能够增加烤烟的产量,尤其是与豌豆的间作效果最佳。选择间作的耕作模式,在防治烤烟病害方面具有明显优势。牟文君等通过对烤烟与花生不同行比耕工模式对烤烟黑胫病防治效果的研究,发现花生与烤烟的间作模式能够减轻烤烟黑胫病的影响,且等价行比比例,其对烤烟黑胫病的防治效果较好,说明选择合适的间作植物及耕作模式能够降低植物病害,有利于植物的健康生长。不同的间作植物起到不同的控制疾病的效果。有研究表明,烤烟与绿豆、黄豆的间作有利于调节烤烟根际土微生物多样性,能够在一定程度上较好地控制烟草黑胫病的发生。烤烟与大蒜的间作模式能够明显降低烟草青枯病、病毒病的病情指数和发病率。刘丽芳等通过研究烤烟与草木犀、甘草的间作模式烤烟致病性,发现烤烟与草木犀、甘草的间作模式可有效控制烟草病毒病和赤星病的发生及发展。烤烟间作花生可显著降低烟草青枯病的发病率。薛超群等通过研究花生、大蒜、黑麦草与烤烟的间作效果,发现选用生、大蒜、黑麦草与烤烟的间作均可降低烟草黑胫病的发病率。间作为何能够改善烤烟的连作障碍?最根本的原因是增加了土壤根际环境的微生物多样性,使得土壤能够健康代谢掉对植物及根际生态群落不利的化学物质,净化环境,从而维持正常健康的根际微环境。

综上所述,植物的间作能够在一定程度上降低植物病害的发病率,合理的间作模式及间作作物可有效控制病害的发生,改善烟田系统的稳定性。

1.2 植物内生菌

1.2.1 内生菌概述

土壤微生物是内生菌的重要来源,植物内生菌可以被看作土壤微生物的一个分支,有植物的选择作用,不断地聚集繁殖,形成了新的种群分布。由于植物的生长,土壤的某些因子会发生变化,使得土壤微生物的类群也发生变化,从而导致了植物内生菌的菌群分布及数量也发生相应变化,所以土壤类型也决定了植物内生微生物种群分布。

植物内生菌是一类生活周期全部或部分在植物体内且不会对植物引起病害的一类微生物,主要来源于土壤,与根际微生物有着重要的联系。植物内生菌主要是通过植物表面由微生物或者线虫造成的创口、植物根系自然形成的缝隙、叶片组织上的气孔等从环境中进入到植物体内。植物内生菌主要是从根际土中进入植物体内,在某种程度上也可以说根际微生物与植物内生菌有着很重要的联系。内生菌在植物表面聚集的数量,进入植物方式的随机性及微生物特有的某些性质决定了根际微生物向植物体内定殖的发生。最重要的确定微生物是否是植物内生菌的重要指标是微生物不仅能够定殖于植物体内,并且能够在整个植物体内自由转移,所以只有具有竞争性的内生微生物才可以成为真正意义的内生微生物。真正的内生微生物侵染植物并能在植物体内定殖及转移必须具备两个条件:①具有足够的数量,能够保证可以不断地进行侵染;②具有各种重要的酶学特性。表1-2列举了竞争力较强的植物内生物菌及根际微生物所具备的特性。

表 1-1　细菌在根际和植物内生环境生存具有竞争性的特征

根际微生物的竞争性	植物内生菌的竞争性	根际微生物的竞争性	植物内生菌的竞争性
趋化性	鞭毛	分泌抗生素	
快速生长率	摆动基因	重组酶	
群体感应	细胞壁降解酶	铁载体形成	
氨基酸合成	解毒作用	NADH 脱氢酶	
维生素 B1 合成	蹭行运动	凝集素	
鞭毛	脂多糖	胞外蛋白	
菌毛			

1.2.2　烤烟细菌的研究进展

烤烟作为我国重要的经济作物,其种植过程中会产生连作障碍、重金属富集、土壤养分降低、环境污染等严重问题,不仅制约了经济的发展,而且对人类健康产生深远影响。因此,很长一段时间,研究者们都在寻求一条经济、环保、健康的方法来清除烤烟种植生产中的不利影响。利用微生物制剂来解决农业生产中病虫害,如向植物体内导入微生物抗病基因,已经越来越多地应用于农业生产中;同时利用微生物促生菌菌肥,可以环保经济地用于农田生产中,促进农作物生长。为了更可能多地为后续的农业生产及工业运用提供丰富的菌种资源,以烤烟为研究对象,对烤烟根际及内生的微生物资源进行调查显得尤为重要。

刘训理等通过对不同肥力的烟区土样进行研究,分离得到众多根际微生物,并对这些分离到的菌株的固氮、溶磷,溶钾等特性进行筛选,筛选到了一批具有生态功能的根际微生物,分布于固氮菌属(*Azotobacter*)、氮单胞杆菌属(*Azomonas*)、芽孢杆菌属(*Bacillus*)、拜叶林克氏菌属(*Beijerinckia*)、欧文氏菌属(*Erwinia*)、微球菌属(*Micrococcus*)、分枝杆菌属(*Mycobacterium*)、变形菌属(*Proteus*)、假单胞菌属(*Pseudomonas*)、中华根瘤菌属(*Sinorhizobium*)。马冠华从云南烤烟的 7 个种植品种中分离到的微生物类群有:土壤杆菌属(*Agrobacterium*)、芽孢杆菌属(*Bacillus*)、欧文氏菌属(*Erwinia*)、黄杆菌属(*Flavobacterium*)、假单胞菌属(*Pseudomonas*)、沙雷氏菌属(*Serratia*)、黄单胞菌属(*Xanthomonas*)。这些分离到的根际微生物在固氮、溶磷、促生方面有着重要作用。烤烟植物内生菌的研究方面,冯云利从烤烟 NC297 品种中分离到两百多株内生菌,其中主要的类群为芽孢杆菌属(*Bacillus*),另外还分离到了短芽孢杆菌属(*Brevibacillus*)、链霉菌属(*Streptomyces*)、欧文氏菌属(*Erwinia*)、水栖菌属(*Enhydrobacter*)、寡养单胞菌属(*Stenotrophomonas*)。陈永珍等从广西 9 个烟草品种中分离到了 470 株烟草内生细菌,分布于土壤杆菌属(*Agrobacterium*)、芽孢杆菌属(*Bacillus*)、肠杆菌属(*Enterobacter*)、假单胞菌属(*Pseudomonas*)、沙雷氏菌属(*Serratia*)、寡养单胞菌属(*Stenotrophomonas*)。Chiara Mastretta 等从烤烟的种子中分离到:梭菌属(*Clostridium*)、肠杆菌属(*Enterobacter*)、假单胞菌属(*Pseudomonas*)、血杆菌属(*Sanguibacter*)、寡养单胞菌属(*Stenotrophomonas*)、黄单胞菌属(*Xanthomonas*)等内生细菌。从烤烟植物内分离出一株芽孢杆菌属(*Bacillus*)菌株,发现其对烤烟的常见致病性菌青枯病(*Ralstonia solanacearum*)具有一定的抵抗作用。另外,从烤烟中分离出的一株短芽孢杆菌属(*Brevibacillus*),对烤烟的致病菌具有一定的抗性。

目前,对烤烟相关细菌资源的研究主要是以纯培养手段为主,但是由于所选用方法的限制,分离到的细菌的种类和数量非常有限,制约了烤烟大田生产及工业加工技术的改革。所以需要运用新的技术手段,尤其是高通量测技术从免培养和纯培养的角度系统研究烤烟微生物的分布状况,针对烤烟植物的生长特点设计一系列新的培养基,尽可能多地获得烤烟相关微生物类群,为后续的农业生产及工业运用提供更为科学可靠的指导作用。

1.2.3 内生细菌的应用价值

1.2.3.1 抑制病原菌的生长

土壤中常见的真菌病原菌如枯萎病菌和黄萎病菌可以导致农业产量的急剧锐减。病源真菌一般具有广泛的宿主,腐生生活以及在土壤中以微菌核的形式广泛存在,所以农业中一般很难被抑制。农业中常用农药溴化甲烷来破坏土壤中的微菌核,但是它同时也破坏和抑制了土壤其他微生物的生长,而且对大气的臭氧层具有一定的破坏性。使用农药虽然能在短时期内达到抑制病原菌生长的作用,但是病原菌的耐药性也逐渐增强,从长远来看,对大田生态及全球生态都产生巨大的破坏作用。目前,利用土壤或植物体内原本存在的能够对微菌核具有抗性或抑制性的微生物来抑制土壤真菌病害在生态学研究中具有重要意义。

微生物能够产生某些化合物质,对病原菌具有一定的抑制性。荧光假单胞菌(*Pseudomonas fluorescens*)产生的2,4—二乙酰基本三酚(2,4 - *diacetylphloroglucinol*; DAPG)对引起马铃薯软根病的致病菌具有一定抵抗作用;通过联合接种缺失DAPG产物的突变菌株,发现该突变菌株并不具有生物防治作用,说明DAPG能够对病原菌具有一定抑制作用。另外有证据表明,荧光假单胞菌(*Pseudomonas fluorescens*)由于产生铁载体与致病菌竞争铁离子而起到一定的抑制作用,但是DAPG的影响作用是主要的。假单胞菌属(*Pseudomonas*)能够抑制由 *Agrobacterium tumefaciens* 引起的双子叶植物的病变。芽孢杆菌属(*Bacillus*)能够产生多种多肽类氨基酸类抗生素,例如杆菌肽(*bacitracin*)及多粘菌素(*polymyxin*)等对绝大多数的真菌类病原菌具有一定的抵抗性。

由于相同分类单元的微生物的生理生化特征比较接近,因此对营养物质的利用也比较相似,利用微生物间竞争营养及空间,研究者成功利用一个不具有抗病性的链霉菌去控制由(*Streptomyces scabies*)引起的马铃薯疾病。研究结果还表明沙雷氏菌属疱痂病西连霉蓖属(*Serratia*)在根际土壤环境中不仅能够抑制病原菌的侵染,而且对于植物的生长也有刺激作用,说明微生物的生物对植物的作用是多元的、多种多样的。

1.2.3.2 对植物的促生作用

内生菌的种群分布及数量与植物基因型、表型、植物年龄、不同组织、植物不同的生长阶段及农业生产步骤具有密切关系。内生菌群在植物体内是可变的、偶然存在的、暂时存在的一种方式,它们可以刺激诱发植物相应的化学生理变化,调节植物的生长。植物内生菌对植物的调节作用远远比根际微生物要大,尤其是植物的生长在受到压力胁迫的情况下这种促进作用更加明显。另外,根际微生物也表现出调节植物生长的特性,如固氮螺菌属(Azospirillum)能够极大程度地促进植物生长,但是只在于根际部位才能发挥这种作用。说明不仅内生菌能够促进植物的生长,根际微生物在植物促生方面也起着重要的作用。

能够促进植物生长的微生物叫作植物促生菌(plant growth-promoting bacteria,PGPB),不仅包括根际微生物还包括植物内生菌。植物促生菌的作用如下:

(1)促进植物生长及提高产量;一些微生物能够产生吲哚乙酸(indole acetic acid,IAA)和1-氨基环丙烷-1-羧酸(1-aminocyclopropane-1-carboxylic acid,ACC)脱氨酶,在一定程度上可以加快植物的生长速度;ACC脱氨酶能够催化乙烯合成的前体物质ACC,降解ACC从而影响植物生长的乙烯合成水平,植物体内没有这种酶类,目前只在微生物中发现。一些微生物能够起到一定的固氮作用,对于植物氮源营养物质的吸收及产量的提高具有重要意义,目前已知的固氮微生物有:壤霉菌属(Agromyces)、秸秆菌属(Arthrobacter)、固氮螺菌形属(Azospira)、固氮螺菌属(Azospirillum)、芽孢杆菌属(Bacillus)、博克霍尔德氏菌属(Burkholderia)、棒杆菌属(Corynebacterium)、鞘氨醇单胞菌属(Sphingomonas)、弗兰克氏菌属(Frankia)、葡萄酸醋酐菌属(Gluconacetobacter)、戈登杆菌属(Gordonibacter)、微杆菌属(Microbacterium)、小单胞菌属(Micromonospora)、分枝杆菌属(Mycobacterium)、新鞘氨醇菌属(Novosphingobium)、鸟氨酸球菌属(Ornithinicoccus)、类芽孢杆菌属(Paenibacillus)、(Phytobacter)、假食酸菌属(Pseudacidovorax)、假诺卡氏菌属(Pseudonocardia)、假黄色杆菌属(Pseudoxanthobacter)、根瘤菌属(Rhizobium)、罗斯氏菌属(Rothia)、斯奈克氏菌属(Slackia)、中华根瘤菌属(Sinorhizobium)、链霉菌属(Streptomyces)、弧菌属(Vibrio)等。

(2)溶磷。长期施肥,土壤的速效磷(可溶性磷)不能及时被植物利用,很容易在自然条件下转化成难溶的三磷化合物,土壤中存在一些微生物能够降解这种不易被降解的含磷化合物为可溶性磷,从而促进植物对磷的吸收,促进植物的生长。目前发现的具有溶磷作用的细菌包括:农杆菌属(Agrobacterium)、交替单胞菌属(Alteromonas)、节杆菌属(Arthrobacter)、固氮螺菌属(Azospirillum)、芽孢杆菌属(Bacillus)、金黄杆菌属(Chryseobacterium)、戴尔福特菌属(Delftia)、肠杆菌属(Enterobacter)、黄杆菌属(Flavobacterium)、戈登氏菌属(Gordonia)、叶杆菌属(Phyllobacterium)、邻单胞菌属(Plesiomonas)、假单胞菌属(Pseudomonas)、根瘤菌属(Rhizobium)、红球菌属(Rhodococcus)、沙雷氏菌属(Serratia)等。

(3)产铁载体环境中存在的能够产生铁载体的微生物可以和致病菌竞争铁,从而使得致病菌因为缺铁而不能很好地生长,达到一定的抗病特性;同时还能够与土壤中的重金属螯合,提高土壤重金属的活性,土壤中的Fe^{3+}不易被植物吸收利用,但是具有铁载体的微生物可以螯合Fe^{3+},变成易于被植物利用吸收的活性物质,进而促进植物的生长,同时还可以增强植物对其他重金属的耐受性,促进植物在逆境中的生长。已报道的可以产生铁载体的微生物有:农杆菌属(Agrobacterium)、芽孢杆菌属(Bacillus)、博克霍尔德氏菌属(Burkholderia)、柠檬球菌属(Citricoccus)、克吕沃尔氏菌属(Kluyvera)、赖氨酸芽孢杆菌属(Lysinibacillus)、马塞利亚菌属(Massilia)、微杆菌属(Microbacterium)、微球菌属(Micrococcus)、分枝杆菌属(Mycobacterium)、类诺卡氏菌属(Nocardioides)、拟诺卡氏菌属(Nocardio-

psis)、潘龙尼亚碱湖杆菌属(*Pannonibacter*)、副球菌属(*Paracoccus*)、假单胞菌属(*Pseudomonas*)、罗尔斯通氏菌属(*Ralstonia*)、土壤红色杆形菌属(*Solirubrobacter*)、鞘氨醇单胞菌属(*Sphingomonas*)、鞘氨醇丝菌属(*Sphingopyxis*)、链霉菌属(*Streptomyces*)、巨嗜菌属(*Variovorax*)等。

1.2.3.3 内生细菌在烤烟生产中的应用

烤烟内生菌对于烤烟植物的健康生长具有重要的作用,能够在一定程度上增强烤烟常见致病菌的抑制作用,同时能够促进烤烟植物的生长,另外能够减低烤烟烟碱含量,也能够降低烤烟重金属含量,提高烤烟的品质。植物内分离出一株芽孢杆菌属(*Bacillus*)菌株,对烤烟的常见致病性菌青枯病(*Ralstonia solanacearum*)具有一定的抵抗作用。另外,从烤烟中分离出的一株短芽孢杆菌属(*Brevibacillus*),对烤烟的野火病也具有一定的抗病性。焦蓉等的研究表明,从烤烟内分离得到的内生菌解淀粉芽孢杆菌(*Bacillus amyloliquefaciens*)、沙福芽孢杆菌(*Bacillus safensis*)、短短芽孢杆菌(*Brevibacillus brevis*)不仅能够有效防控烟草黑胫病,而且能够促进烤烟种子萌发及植物的生长,尤其是解淀粉芽孢杆菌(*Bacillus amyloliquefaciens*)抗病促生作用尤为明显。*Spaepen*等发现内生菌巴西固氮螺菌(*Azospirillum brasilense*)能够促进烟草的生长。

烟草中含有大量烟碱类物质,是烟叶中最主要的有害物质,能够引起癌症,因此降低烤烟中烟碱物质含量,对于保证人类健康及减少烟碱类难降解物质对环境造成的损害,提高烤烟的成品品质具有重要意义。目前已经发现的可以降解烟碱类尤其是尼古丁的微生物主要有:节杆菌属(*Arthobacter*)、芽孢杆菌属(*Bacillus*)、纤维单胞菌属(*Cellulomonas*)、苍白杆菌属(*Ochrobactrum*)、假单胞菌属(*Pseudomonas*)。另外,杨贵芳分离到两种微生物不动杆菌属(*Acinetobacter*)、鞘氨醇单胞菌属(*Sphingomonas*)对尼古丁具有降解作用。这些对尼古丁等烟碱物质具有降解作用的微生物,在烤烟种植土壤修复及烤烟生产过程造成的废弃物的污染防治过程也有重要作用,同时对于烤烟陈化及后期加工中自身烟碱类物质的减少具有重要应用价值。

我国耕地受重金属污染严重,被污染面积占总耕地面积的20%,其中Cd污染尤为严重。烤烟植物根部会吸附大量土壤中的重金属,经过植物的代谢作用,集中于植物叶、茎、根部,尤其在叶部位富集最为明显,Cd的胁迫会促使烤烟分泌草酸,从而增加土壤酸度,不利于土壤及植物的健康状态维持。由于在叶部位富集的Cd最多,在抽吸过程中,烟草中的重金属以气溶胶的形式被人体吸收后难以排出体外,重金属富集于人体内易引发癌症等疾病,因此降低烟草中重金属含量是提高我国烟草品质的关键因素之一。刘宏玉、李信军、彭兵等发现在Cd^{2+}烟胁迫下烤烟与不同内生菌共培养或用含有内生菌的菌肥或内生菌发酵液处理,均能够明显降低叶片中Cd^{2+}含量,说明烤烟内生菌在降低烤烟重金属富集作用方面具有优势。

1.2.3.4 烤烟复合肥的研制及应用

植物根际促生菌(PGPR)对植物的生命活动可产生特定肥效及生理作用,在绿色有机烟叶生产、农业生态环境保护以及高产、优质、高效农业的持续发展中发挥着重要作用。PGPR菌肥在烟草育苗领域应用潜力较大,主要表现在提高种子发芽率、成苗素质、移栽成活率和对烟草病害的抗性。席淑雅等将菌株A03和B04扩大培养制成菌肥并按1%

的比例拌入育苗基质中应用于烤烟漂浮育苗,可明显提高种子发芽率(播种后 27 d,A03 菌肥处理种子发芽率比 CK 显著提高 53.1%)、成苗素质(如菌株 A03 菌肥处理烟苗茎高、茎粗、茎干重、根鲜重和根长分别比 CK 提高 51.1%、19.8%、84.4%、50.3% 和 53.7%)和对烟草病害的抗性(菌肥处理移栽成活率均为 100%)。

PGPR 菌肥能直接或间接地增强土壤肥力,为植株提供营养元素,降低烤烟化肥施用量,一方面,通过根瘤菌、自生固氮菌或者联合固氮菌为植物提供氮素营养;另一方面,通过解磷菌、解钾菌或者混和菌种的生理活动,分泌酸或酶类释放土壤和化肥中不溶性磷素和钾素,为植株提供磷、钾素营养。固氮菌能够降低氮肥施用量,特别是在含氮量较低、土层薄的山地或者在土壤氮源不足的情况下,施用固氮菌有减少化肥用量,增加烟叶收益,提高烟叶品质的作用。解磷菌、解钾菌可以降低磷肥、钾肥使用量而不影响烟叶产质量,使用 PGPR 菌肥可适当减少化肥用量(减少常规 NPK 施肥量的 20%),提高烤烟根际微环境的生物量碳含量和解磷菌的数量,烤烟产量和净产值分别提高 4.52% 和 24.68%。张朝辉(2010,2011)将解钾菌 K03 菌株制作菌肥,减施 20% 的钾肥,与全量施用钾肥相比,可显著提高不同生长期烤烟根际细菌数量和解钾菌的数量,降低放线菌的数量和现蕾期真菌的数量,烤烟根际微生物区系以细菌和解钾菌为优势菌群。

PGPR 促生和生防作用的关键在于植物根部的定殖,从而在与其他微生物的营养竞争和位点竞争上具有很大的优势。PGPR 能够有效利用植物根际营养和分泌物,带动其他相同类群土壤土著微生物的生长繁殖,同时减少了病原菌必需的营养物质,目前 PGPR 生防研究主要集中在土传病害上。方敦煌、胡小东等对烤烟根际促生菌应用的研究进展表明,利用拮抗细菌 GP13 防治烟草黑胫病,有较好的防治效果,防效率为 52.2% ~ 83.3%,与药剂对照的防治效果相当;此外,其他筛选的拮抗烟草赤星病的菌株 AM6 抗菌物质的粗提液 100 倍稀释后防效最好,田间防效率 80.3%。席淑雅等利用平板测定菌株 A03 和 B04,发现其对烟草角斑病、青枯病和赤星病的病原菌有较强的拮抗作用。光映霞等用微生物菌剂(枯草芽孢杆菌)的原始发酵菌液稀释数倍,对烤烟进行根施,对烤烟脉斑病有一定的防治作用,以原始发酵菌液稀释 3 倍的防治效果较好,可达到 48.55%。

PGPR 菌肥属于微生物菌肥的一种,施加 PGPR 菌肥能够提高烤烟的产量及品质。王毅等应用节杆菌处理的 B3F 烟叶香气量、浓度较高,香韵较好,杂气较轻,胡萝卜素类含量最高,而苯丙氨酸类和棕色化合物含量最低,西柏烷类化合物含量处于中间水平,采用节杆菌菌剂处理可降低烟叶中烟碱含量,增加烟叶中致香成分含量,改善烟叶的品质。雷丽萍等应用节杆菌 K7 和 K3 菌株菌悬液处理 K326 的采收后烟叶,烟碱含量均有不同程度的降低,在田烟上使用效果略好于地烟,对中部叶香气质的影响最大;经节杆菌处理后,烟叶的香气质、香气量增加,烟气细腻,刺激性减轻,劲头有所下降且余味改善。

微生物肥料具有一定的改良土壤作用,能促进烟草植株的前期生长,提高烟叶产量,提高肥料利用率;利用微生物肥料中固氮、解磷、解钾菌的生命活动,培肥地力,增加土壤有效养分,提高烟田肥效,充分利用土壤资源,有利于烟草生产的可持续发展。刘展展等通过增施微生物菌肥研究烤烟的品质和产量的影响,发现通过施用微生物菌肥,烟叶中的中性致香物质含量明显增加,类胡萝卜素和类西柏烷类含量提高 30% 以上,苯丙氨酸类分别提高 68.3% 和 14.0%,棕色化产物类分别提高了 34.8%、16.1%。各种化学成分更为协调,相比于对照提高了总糖、还原糖和氯离子的量,降低了钾离子、烟碱和总氮的量;上等烟比例分别提高了 3.0 和 2.2 个百分点,产量分别提高 3.8% 和 2.0%,产值分别提高 8.1% 和 5.0%。舒照鹤等通过施加恩格兰微生物菌肥的田间试验表明,通过微生物菌肥的施加,能够明显促进烤烟烟苗根系发达,增减株高,降低烟株的病虫害,提高烟叶的产量以及提高中上等盐的比例,增加烤烟产值。

1.3 微生物潜在新物种的鉴定及意义

从烟草中分离到的新物种有:Atopococcus tabaci、Acinetobacter antiviralis、Sphingobacterium nematocida、Pseudomonas protegens、Facklamia tabacinasalis、Enterobacter tabaci、Arthrobacter chlorophenolicus、Paenibacillus nicotianae、Sphingobacterium tabacisoli、Phytophthora glovera、Umezawaea endophytica 等。微生物与植物之间建立起稳定的功能关系,按照新物种、新基因、新化合物的理念,众多新类群的发现对于扩充烟草微生物种类以及从中找到与烤烟植物生长相关的特性具有重要的意义。

1.4 本书的研究内容及意义

本书以烤烟根际土微生物及植物内生微生物潜在新类群为研究对象,探讨五种分类鉴定的方法及可行性,对于分离自烤烟环境的细菌新物种进行鉴定,从而科学判定其分类地位,并对之进行科学命名;同时对相关的功能特性进行检测,以期从中发现好的酶活性质或功能活性,对于进一步深入研究物种在烤烟中的存在位置、存在时间及功能作用具有重要的指导意义,进而对烤烟相关功能材料研制、微生物菌肥开发打下坚实的基础。

参 考 文 献

[1] 刘巧真,郭芳阳,吴照辉,等. 烤烟连作土壤障碍因子及防治措施[J]. 中国农学通报,2012,28(10):87-90.

[2] 赵凯,娄奇来,王玲莉,等. 烤烟连做对烤烟产量和质量的影响[J]. 现代农业科技,2008(8):18-19.

[3] 尤垂淮,曾文龙,陈冬梅,等. 不同养地方式对连作烤烟根际土壤微生物功能多样性的影响[J]. 中国烟草学报,2015,21(2):68-74.

[4] 苏海燕,程传策,马啸,等. 烤烟连作对重庆土壤养分状况的影响[J]. 河南农业科学,2010,(12):59-60.

[5] 时安东,李建伟,袁玲. 轮间作系统对烤烟产量,品质和土壤养分的影响[J]. 植物营养与肥料学报,2011,17(2):411-418.

[6] 阳显斌,李廷轩,张锡洲,等. 烟蒜轮作与套作对土壤微生物类群数量的影响[J]. 土壤,2016,48(4):698-704.

[7] 韦俊,杨焕文,徐照丽,等. 不同烤烟套作模式对烤烟根际土壤细菌群落特征及烤烟产质量的影响[J]. 南方农业学报,2017,48(4):601-608.

[8] 牟文君,薛超群,宋纪真,等. 烤烟与花生间作行比对烟草黑胫病防治效果的影响. 烟草科技,

2016,46(9):22-26.
- [9] 何孝兵.间作黄豆、绿豆对烟田土壤微生物的影响研究[D].重庆:西南大学,2010.
- [10] 赖荣泉.套种大蒜对烟田生物群落的影响[D].福州:福建农林大学,2011.
- [11] 刘丽芳,唐世凯,熊俊芬,等.烤烟间作草木樨对烟草病害的影响[J].云南农业大学学报,2005,20(5):662-664.
- [12] 刘丽芳,唐世凯,熊俊芬,等.烤烟间套作草木樨和甘薯对烟叶含钾量及烟草病毒病的影响[J].中国农学通报,2006,22(8):238-241.
- [13] 时安东,李建伟,袁玲.轮间作系统对烤烟产量、品质和土壤养分的影响[J].植物营养与肥料学报,2011,17(2):411-418.
- [14] 薛超群,牟文君,奚家勤,等.烤烟不同间作对烟草黑胫病防控效果的影响[J].中国烟草科学,2015,36(3):77-79.
- [15] Sessitsch A, Reiter B, Pfeifer U, et al. Cultivation-independent population analysis of bacterial endophytes in three potato varieties based on eubacterial and Actinomycetes-specific PCR of 16S rRNA genes [J]. FEMS microbiology ecology, 2002, 39(1): 23-32.
- [16] Compant S, Duffy B, Nowak J, et al. Use of plant growth-promoting bacteria for biocontrol of plant diseases: principles, mechanisms of action, and future prospects[J]. Applied and environmental microbiology, 2005, 71(9): 4951-4959.
- [17] Hardoim P R, van Overbeek L S, Elsas J D. Properties of bacterial endophytes and their proposed role in plant growth[J]. Trends in microbiology, 2008, 16(10): 463-471.
- [18] Conn V M, Franco C M M. Analysis of the endophytic actinobacterial population in the roots of wheat (Triticum aestivum L.) by terminal restriction fragment length polymorphism and sequencing of 16S rRNA clones[J]. Applied and environmental microbiology, 2004, 70(3): 1787-1794.
- [19] Stone, J.K., Bacon, C.W., White, J.F. An overview of endophyticmicrobes: endophytism defined. In: Bacon C W, White J F. Microbial Endophytes. New York: Marcel Dekker,Inc. 2000, 3-29.
- [20] Chi F, Shen S H, Cheng H P, et al. Ascending migration of endophytic rhizobia, from roots to leaves, inside rice plants and assessment of benefits to rice growth physiology[J]. Applied and environmental microbiology, 2005, 71(11): 7271-7278.
- [21] Compant S, Clément C, Sessitsch A. Plant growth-promoting bacteria in the rhizo-and endosphere of plants: their role, colonization, mechanisms involved and prospects for utilization[J]. Soil Biology and Biochemistry, 2010, 42(5): 669-678.
- [22] 张中林,范国昌.苏云金芽孢杆菌(Bt)晶体毒蛋白基因在烟草叶绿体中的表达[J].遗传学报,2000,27(3):270-277.
- [23] 谢道昕,范云六,倪万潮,等.苏云金芽孢杆菌(Bacillus thuringiensis)杀虫晶体蛋白基因导入棉花获得转基因植株[J].中国科学B辑,1991(4):003.
- [24] 李保会,李青云,李建军,等.复合微生物菌肥对连作草莓产量和品质的影响[J].河北农业科学,2007,11(1):15-17.
- [25] 夏振远,李云华.微生物菌肥对烤烟生产效应的研究[J].中国烟草科学,2002,23(3):28-30.
- [26] 刘训理,王超,吴凡,等.烟草根际微生物研究[J].生态学报,2006,26(2):552-557.
- [27] 马冠华.烟草内生细菌种群动态及拮抗活性研究[D].重庆:西南农业大学,2003.
- [28] 冯云利,奚家勤,马莉,等.烤烟品种NC297内生细菌中拮抗烟草黑胫病的生防菌筛选及种群组成分析[J].云南大学学报:自然科学版,2011,33(4):488-496.
- [29] 陈永珍,杨义,卢燕回,等.广西烟草内生细菌的动态分布及其对烟草疫霉的拮抗作用[J].中国烟草学报, 2012, 18(4): 51-55.

[30] Mastretta C, Taghavi S, van der Lelie D, et al. Endophytic bacteria from seeds of Nicotiana tabacum can reduce cadmium phytotoxicity[J]. International Journal of Phytoremediation, 2009, 11(3): 251-267.

[31] Yi Y J, Liu R S, Yin H Q, et al. [Isolation, identification and field control efficacy of an endophytic strain against tobacco bacterial wilt (Ralstonia solanacarum)][J]. Ying yong sheng tai xue bao = The journal of applied ecology/Zhongguo sheng tai xue xue hui, Zhongguo ke xue yuan Shenyang ying yong sheng tai yan jiu suo zhu ban, 2007, 18(3): 554-558.

[32] Yi Y, Yin H, Luo K, et al. Isolation and identification of endophytic Brevibacillus brevis and its biocontrol effect against tobacco bacterial wilt[J]. Acta Phytopathologica Sinica, 2007, 3: 013.

[33] Sneh, B. (Ed.). (1996). Rhizoctonia species: taxonomy, molecular biology, ecology, pathology and disease control. Springer.

[34] Tjamos E C, Rowe R C, Heale J B, et al. Advances in Verticillium: research and disease management [M]. American Phytopathological Society (APS Press), 2000.

[35] Weller D M, Raaijmakers J M, Gardener B B M S, et al. Microbial populations responsible for specific soil suppressiveness to plant pathogens 1[J]. Annual review of phytopathology, 2002, 40(1): 309-348.

[36] Whipps J M. Microbial interactions and biocontrol in the rhizosphere[J]. Journal of experimental Botany, 2001, 52(suppl 1): 487-511.

[37] Haas D, Défago G. Biological control of soil-borne pathogens by fluorescent pseudomonads[J]. Nature Reviews Microbiology, 2005, 3(4): 307-319.

[38] Cronin D, Monne - Loccoz Y, Fenton A, et al. Ecological interaction of a biocontrol Pseudomonas fluorescens strain producing 2, 4-diacetylphloroglucinol with the soft rot potato pathogen Erwinia carotovora subsp. atroseptica[J]. FEMS Microbiology Ecology, 1997, 23(2): 95-106.

[39] Khmel I A, Sorokina T A, Lemanova N B, et al. Biological control of crown gall in grapevine and raspberry by two Pseudomonas spp. with a wide spectrum of antagonistic activity[J]. Biocontrol Science and Technology, 1998, 8(1): 45-57.

[40] Jamil B, Hasan F, Hameed A, et al. Isolation of bacillus subtilis MH - 4 from soil and its potential of polypeptidic antibiotic production[J]. Pakistan journal of pharmaceutical sciences, 2007, 20(1): 26-31.

[41] Duczek L J. Biological control of common root rot in barley by Idriella bolleyi[J]. Canadian journal of plant pathology, 1997, 19(4): 402-405.

[42] Van Overbeek L, Van Elsas J D. Effects of plant genotype and growth stage on the structure of bacterial communities associated with potato (Solanum tuberosum L.)[J]. FEMS microbiology ecology, 2008, 64(2): 283-296.

[43] Hallmann J, Berg G. Spectrum and population dynamics of bacterial root endophytes[M]//Microbial root endophytes. Springer Berlin Heidelberg, 2006: 15-31.

[44] Conrath U, Beckers G J M, Flors V, et al. Priming: getting ready for battle[J]. Molecular Plant - Microbe Interactions, 2006, 19(10): 1062-1071.

[45] Pillay V K, Nowak J. Inoculum density, temperature, and genotype effects on in vitro growth promotion and epiphytic and endophytic colonization of tomato (Lycopersicon esculentum L.) seedlings inoculated with a pseudomonad bacterium[J]. Canadian Journal of Microbiology, 1997, 43(4): 354-361.

[46] Barka E A, Nowak J, Clément C. Enhancement of chilling resistance of inoculated grapevine plantlets with a plant growth-promoting rhizobacterium, *Burkholderia phytofirmans* strain PsJN[J]. Applied and

environmental microbiology, 2006, 72(11): 7246-7252.

[47] Somers E, Vanderleyden J, Srinivasan M. Rhizosphere bacterial signalling: a love parade beneath our feet[J]. Critical reviews in microbiology, 2004, 30(4): 205-240.

[48] Compant S, Reiter B, Sessitsch A, et al. Endophytic colonization of Vitis vinifera L. by plant growth-promoting bacterium Burkholderia sp. strain PsJN[J]. Applied and Environmental Microbiology, 2005, 71(4): 1685-1693.

[49] Bashan, Y., Holguin, G., Proposal for the division of plant growth-promoting rhizobacteria into two classications: biocontrol-PGPB (plant growth-promoting bacteria) and PGPB[J]. Soil Biology & Biochemistry, 1998, 30: 1225-1228.

[50] Ferrando L, Fernández-Scavino A. Functional Diversity of Endophytic Bacteria [M]//Symbiotic Endophytes. Springer Berlin Heidelberg, 2013: 195-211.

[51] Hassan E, Hossein MH, Hossein AA, Leila M. Bacterial Biosynthesis of 1 – Aminocyclopropane – 1 – Carboxylate (ACC) Deaminase and Indole – 3 – Acetic Acid (IAA) as Endophytic Preferential Selection Traits by Rice Plant Seedlings[J]. J Plant Growth Regul, 2014: DOI 10.1007/s00344 – 014 – 9415-3.

[52] Glick BR. Plant growth – promoting bacteria: mechanisms and applications. Scientifica 2012:1-15.

[53] Glick BR, Todorovic B, Czarny J, et al. Promotion of plant growth by bacterial ACC deaminase[J]. Critical Reviews in Plant Sciences, 2007, 26(5 – 6): 227-242.

[54] Gtari M, Ghodhbane-Gtari F, Nouioui I, et al. Phylogenetic perspectives of nitrogen-fixing actinobacteria [J]. Archives of microbiology, 2012, 194(1): 3-11.

[55] Videira S S, e Silva M C P, de Souza Galisa P, et al. Culture-independent molecular approaches reveal a mostly unknown high diversity of active nitrogen-fixing bacteria associated with Pennisetum purpureum a bioenergy crop[J]. Plant and soil, 2013, 373(1-2):737-754.

[56] Videira S S, De Araujo J L S, da Silva Rodrigues L, et al. Occurrence and diversity of nitrogen-fixing Sphingomonas bacteria associated with rice plants grown in Brazil[J]. FEMS microbiology letters, 2009, 293(1): 11-19.

[57] 王召娜, 于雪云, 杨合同, 等. 微生物解磷机理的研究进展[J]. 山东农业科学, 2008 (2): 88-91.

[58] Pingale S S, Virkar P S. Study of influence of phosphate dissolving micro-organisms on yield and phosphate uptake by crops[J]. European Journal of Experimental Biology, 2013, 3(2): 191-193.

[59] Rodríguez H, Fraga R. Phosphate solubilizing bacteria and their role in plant growth promotion[J]. Biotechnology advances, 1999, 17(4): 319-339.

[60] Wang Q, Xiong D, Zhao P, et al. Effect of applying an arsenic - resistant and plant growth – promoting rhizobacterium to enhance soil arsenic phytoremediation by Populus deltoides LH05 - 17[J]. Journal of applied microbiology, 2011, 111(5): 1065-1074.

[61] Kloepper J W, Leong J, Teintze M, et al. Enhanced plant growth by siderophores produced by plant growth-promoting rhizobacteria[J]. Nature, 1980, 286(5776): 885-886.

[62] Jiang C, Sheng X, Qian M, et al. Isolation and characterization of a heavy metal-resistant Burkholderia sp. from heavy metal-contaminated paddy field soil and its potential in promoting plant growth and heavy metal accumulation in metal-polluted soil. Chemosphere, 2008, 72: 157-164.

[63] 孙磊, 邵红, 刘琳, 等. 可产生铁载体的春兰根内生细菌多样性[J]. 微生物学报, 2011, 51(2): 189-195.

[64] Crosa J H, Walsh C T. Genetics and assembly line enzymology of siderophore biosynthesis in bacteria [J]. Microbiology and Molecular Biology Reviews, 2002, 66(2): 223-249.

[65] Miethke M, Marahiel M (2007) Siderophore-based iron acquisition and pathogen control. Microbiol Mol Biol 71(3):413-451.

[66] 王英丽, 林庆祺, 李宇, 等. 产铁载体根际菌在植物修复重金属污染土壤中的应用潜力[J]. 应用生态学报, 2013, 24(007): 2081-2088.

[67] 张梦旭, 潘明明, 胡珑瀚, 等. 内生菌的功能及在烟草上的研究进展[J]. 烟草科技, 2017, 50(11): 105-112.

[68] 焦蓉, 刘剑金, 杨焕文, 等. 抑制烟草黑胫病菌和促烟草幼苗生长内生菌的分离与鉴定[J]. 云南农业大学学报(自然科学), 2018, 33(06): 1037-1045.

[69] Spaepen S, Dobbelaere S, Croonenborghs A, et al. Effects of Azospirillum brasilense indole-3-acetic acid production on inoculated wheat plants[J]. Plant and Soil, 2008, 312(1/2): 15-23.

[70] Decker K, Bleeg H. Induction and purification of steteospecificnicotine oxidizing enzymes from Arthrobacter oxidans[J]. Biochem Biophys Acta, 1965, 105: 313-324.

[71] 王晓萍, 石贤爱, 王毓虹, 等. 尼古丁降解微生物的研究进展及潜在价值[J]. 福建师范大学学报: 自然科学版, 2017, 33(3), 109-116.

[72] Geiss V L, Gravely L E, Gregory C F. Process for reduction of nitrate and nicotine content of tobacco by microbial treatment: U. S. Patent 4,557,280[P]. 1985-12-10.

[73] 袁勇军, 陆兆新, 黄丽金, 等. 烟碱降解细菌的分离、鉴定及其降解性能的初步研究[J]. 微生物学报, 2005, 45(2): 181-184.

[74] Wada E. Microbial degradation of the tabacco alkaloids and some related compounds[J]. Arch Biochem Biophys, 1958, 72(1): 145-162.

[75] 杨贵芹. 两株高效尼古丁降解菌的分离鉴定及其尼古丁代谢途径的分析[D]. 杭州: 浙江大学, 2010.

[76] Brandsch R. Microbiology and biochemistry of nicotine degradation[J]. Applied microbiology and biotechnology, 2006, 69(5): 493-498.

[77] Igloi G L, Brandsch R. Sequence of the 165-kilobase catabolic plasmid pAO1 from Arthrobacter nicotinovorans and identification of a pAO1-dependent nicotine uptake system[J]. Journal of bacteriology, 2003, 185(6): 1976-1986.

[78] Wang S N, Liu Z, Tang H Z, et al. Characterization of environmentally friendly nicotine degradation by Pseudomonas putida biotype A strain S16[J]. Microbiology, 2007, 153(5): 1556-1565.

[79] 王玉军, 刘存, 周东美, 等. 客观地看待我国耕地土壤环境质量的现状——关于《全国土壤污染状况调查公报》中有关问题的讨论和建议[J]. 农业环境科学学报, 2014, 33(08): 1465-1473.

[80] 余浩, 王幽静, 宋睿, 等. 不同品种烟草对Cd的富集及根际有机酸的分泌特征[J]. 农业环境科学学报, 2018, 37(09): 1827-1832.

[81] 刘宏玉. 烟草内生真菌多样性及促生和抗重金属菌株的筛选[D]. 杭州: 浙江大学, 2014.

[82] 李信军. 内生真菌在降低烟叶重金属含量中的应用研究[D]. 杭州: 浙江大学, 2015.

[83] 彭兵. 三种内生真菌对烟草生长、诱导抗病性和抗重金属能力的影响及其机理的初步研究[D]. 杭州: 浙江大学, 2015.

[84] 席淑雅, 毕庆文, 王豹祥, 等. PGPR菌肥在烤烟漂浮育苗中的应用[J]. 中国烟草学报, 2009, (6): 53-57.

[85] 阎启富. 共生性固氮菌在山地烤烟上的应用[J]. 烟草科技, 1997(4): 39.

[86] 王豹祥, 李富欣, 张朝辉, 等. 应用PGPR菌肥减少烤烟生产化肥的施用量[J]. 土壤学报, 2011, (4): 813-822.

[87] 张朝辉. PGPR 菌肥在烤烟漂浮育苗及烤烟生产中的应用研究［D］.郑州:河南农业大学,2010.

[88] 张朝辉,王豹祥,席淑雅,等.一株烤烟根际解钾细菌的鉴定及其在烤烟生产中的应用［J］.浙江农业学报,2011,(3):553-558.

[89] 方敦煌,李天飞,沐应祥,等.拮抗细菌 GP13 防治烟草黑胫病的田间应用［J］.云南农业大学学报,2003(1):48-51.

[90] 王毅,夏振远,钱颖颖,等.不同施氮水平下节杆菌菌剂对烟叶品质的影响［J］.云南农业大学学报,2009(6):835-841.

[91] 雷丽萍,夏振远,郭荣君,等.节杆菌对烟叶的降烟碱作用［J］.烟草科技,2008(3):56-58.

[92] 谢甫绨,王贺,张惠君,等.不同肥密处理对超高产大豆辽豆 14 的影响［J］.大豆科学,2008,27(1):61-66.

[93] 郭庆元,李志玉,涂学文.大豆高产优质施肥研究与应用［J］.中国农学通报,2003,19(3):89-96.

[94] 刘展展,宋洪昌,徐钟晨,等.增施微生物菌肥对烤烟产量和质量的影响［J］.浙江农业科学,2018,59(8):1357-1359.

[95] 舒照鹤,陈银建,尹虎成,等.恩格兰微生物菌肥对烤烟生长发育及抗病性的影响［J］.湖北农业科学,2017,56(6):1026-1028.

[96] Collins, M. D., Wiernik, A., Falsen, E., & Lawson, P. A. (2005). *Atopococcus tabaci gen.* nov., sp. nov., a novel Gram-positive, catalase-negative, coccus-shaped bacterium isolated from tobacco. International journal of systematic and evolutionary microbiology, 55(4), 1693-1696.

[97] Lee, J S., Lee, K. C., Kim, K K., Hwang, I C., Jang, C., Kim, N G., ... & Ahn, J S. (2009). *Acinetobacter antiviralis sp.* nov., from tobacco plant roots. J. Microbiol. Biotechnol, 19 (250256. 23).

[98] Liu, J., Yang, L L., Xu, C K., Xi, J Q., Yang, F X., Zhou, F., ... & Li, W. J. (2012). *Sphingobacterium nematocida* sp. nov., a nematicidal endophytic bacterium isolated from tobacco. International journal of systematic and evolutionary microbiology, 62(8), 1809-1813.

[99] Ramette, A., Frapolli, M., Fischer-Le Saux, M., Gruffaz, C., Meyer, J. M., Défago, G., ... & Monne-Loccoz, Y. (2011). *Pseudomonas protegens* sp. nov., widespread plant-protecting bacteria producing the biocontrol compounds 2, 4 – diacetylphloroglucinol and pyoluteorin. Systematic and applied microbiology, 34(3), 180-188.

[100] Collins, M D., Hutson, R A., Falsen, E., & Sjden, B. Note: *Facklamia tabacinasalis* sp. nov., from powdered tobacco. International Journal of Systematic and Evolutionary Microbiology, 1999, 49 (3), 1247-1250.

[101] Duan, Y Q., Zhou, X K., Di-Yan, L., Li, Q Q., Dang, L Z., Zhang, Y G., ... & Li, W J. (2015). *Enterobacter tabaci* sp. nov., a novel member of the genus Enterobacter isolated from a tobacco stem. Antonie van Leeuwenhoek, 108(5), 1161-1169.

[102] Westerberg, K., Elvng, A M., Stackebrandt, E., & Jansson, J K. *Arthrobacter chlorophenolicus* sp. nov., a new species capable of degrading high concentrations of 4 – chlorophenol. International Journal of Systematic and Evolutionary Microbiology, 50(6), (2000),2083-2092.

[103] Li, Q Q., Zhou, X K., Dang, L Z., Cheng, J., Hozzein, W N., Liu, M J., ... & Duan, Y. Q. (2014). *Paenibacillus nicotianae* sp. nov., isolated from a tobacco sample. Antonie van Leeuwenhoek, 106(6), 1199-1205.

[104] Zhou, X K., Li, Q Q., Mo, M H., Zhang, Y G., Dong, L M., Xiao, M., ... & Duan, Y. Q. *Sphingobacterium tabacisoli* sp. nov., isolated from a tobacco field soil sample. International journal of

systematic and evolutionary microbiology, 2017, 67(11), 4808-4813.

[105] Abad, Z G., Ivors, K L., Gallup, C A., Abad, J A., & Shew, H D. Morphological and molecular characterization of *Phytophthora glovera* sp. nov. from tobacco in Brazil. Mycologia, 2011, 103(2), 341-350.

[106] Chu, X., Liu, B B., Gao, R., Zhang, Z. Y., Duan, Y Q., Nimaichand, S., ... & Li, W J. *Umezawaea endophytica* sp. nov., isolated from tobacco root samples. Antonie van Leeuwenhoek, 2015, 108(3), 667-672.

第 2 章 原核微生物多相分类鉴定

2.1 形态学鉴定

2.1.1 细菌的基本形态

细菌的基本形态有球形、杆形、螺旋形。①球菌:按其排列方式又可分为单球菌、双球菌、四联球菌、八叠球菌和葡萄球菌链球菌。②杆菌:细胞形态较复杂,有短杆状、棒杆状、梭状、月亮状、分枝状。③螺旋菌:可分为弧菌和螺菌。此外,人们还发现星状和方形细菌。细菌的培养特征包括在固体培养基上观察菌落大小、形态、颜色色素是水溶性还是脂溶性、光泽度、透明度、质地、隆起形状、边缘特征及迁移性等内容。描述细菌菌落形态时,一定要注明选用的培养基类型、培养条件(pH、温度、氧含量等)及培养时间。经典放线菌是一种特殊形态的细菌,由于其形态的特殊性,不同的类群其形态会表现出不同的特征,往往作为分类的鉴定指标。根据菌丝的形态与功能可分为基内菌丝(Substrate mycelium)和气生菌丝(Aerial mycelium),有些形成孢子(Spore)、孢子链(Spore chain)和孢囊(Sporangium)及孢囊孢子(sporangiospora)等复杂的形态结构。基内菌丝的生长及断裂方式、孢子的着生部位、孢子数的多寡、孢子表面结构、孢囊形状、孢囊孢子有无鞭毛等形态特征均是放线菌分类的重要形态学指征。

基内菌丝又称营养菌丝(Vegetative mycelium)或初级菌丝(Primary mycelium)伸入培养基内或生长在培养基表面,主要功能为吸收营养物。在显微镜下观察,基内菌丝比气生菌丝纤细,多分枝、透明、颜色较浅。基内菌丝直径一般为 0.4~1.2 μm,大多数类群不形成横隔也不断裂。少数类群(如诺卡氏菌 Nocardia)基内菌丝剧烈弯曲、呈树根状,生长到一定阶段形成横隔,并断裂成不同形状的片断。束丝放线菌属(Actinosynnema)的基内菌丝缠扭成菌丝束。有些菌属的基内菌丝缠绕形成菌核。气生菌丝是基内菌丝发育到一定阶段,向空气中生长的菌丝体与基内菌丝有时很难区分,在显微镜下观察,气丝颜色一般比基内菌丝深,常呈黑褐色,且比基内菌丝略粗(有气流则会晃动)。各类放线菌能否形成气生菌丝,取决于物种特性、营养条件或环境等因素。气生菌丝发育到一定阶段,在顶端形成孢子丝。孢子丝是由气生菌丝分枝部分分化成能够形成孢子的繁殖菌丝。放线菌生长至一定阶段,在其气生菌丝上分化出可以形成孢子的菌丝,为孢子丝。孢子丝成熟后多以横隔分裂的方式形成孢子和孢子链。链霉菌和其他许多放线菌都会形成孢子链。孢子链有直形、波曲、螺旋或轮生等不同形状(见图 2-1)。螺旋的圈数和疏密程度随种而异。轮生孢子链是从气生菌丝上同一部位长出三个以上的孢子丝,有一级、二级轮生,直形与螺旋形之分。链霉菌的孢子链一般有 20 个以上的孢子。孢子链的形状是定种的依据之一。轮生是链轮丝菌属的形态特征。成熟的孢子堆显示各种颜色,如白色、灰、黄、粉红、淡紫、蓝色或绿色等。放线菌孢子链的长短、形状、着生位置、颜色是重要的分类依据（见图 2-2）。放线菌孢子的形成方式有三种：一种是基内菌丝的胞壁产生隔膜，形成孢子，如小单孢菌；二种是有鞘菌丝的胞壁产生隔膜而成，孢子壁是母菌丝的壁，如链霉菌；三种是孢子在母菌丝内形成，又在其外形成孢子壁，母菌丝壁破裂后释放孢子，这称之为内生孢子，如高温放线菌。放线菌孢子有球形、卵形、瓶状、杆状、柱形、腊肠状或瓜子状。用电子显微镜观察孢子表面结构，有光滑、皱褶、瘤状、鳞片状、刺状或毛发状。有些孢子有鞭毛，极生或周生。孢子的类型、形状、着生位置、数量多少、孢子游动与否及表面结构特征等都是重要的分类依据。

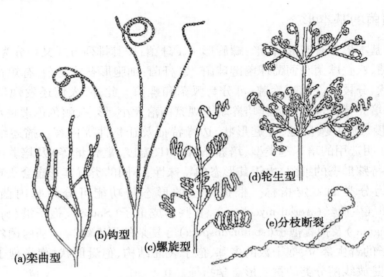

图 2-1 孢子丝的基本形态模式

2.1.2 形态学实验

通常用光学显微镜可以观察到菌丝和孢子的基本形态结构，用扫描电子显微镜观察细菌的形态、分裂特征、表面结构及大小等；丝状放线菌可以观察菌丝和孢子表面的细微结构。一般放线菌主要是用扫描电镜进行观察。若要观察细菌形态的微生物的鞭毛、胞外分泌物及胞内的超显微结构，需要选用透视电子显微镜进行观察。

细菌形态的微生物一般选用菌悬液载玻片的纸片方法，取生长状态良好的菌株，普通环境的微生物选用 0.85% 的生理盐水，嗜盐的微生物选用最适的盐浓度盐水进行稀释（浓度稍微高一点），做成 480 μL 的菌悬液，加入 20 μL 的 50% 戊二醛溶液至终浓度为 2.5%，4 ℃冰箱放置过夜。取一滴固定过的菌悬液于载玻片上，用枪头涂布均匀（在片子上要有浓淡之分），自然条件下风干，之后用 40%、70%、90%、100% 的乙醇进行脱水及洗盐 90 s。取出放于干燥器中干燥 1 h。选择好的区域，切成长方形小片，有菌体面朝上，贴于导电胶带上，喷金 200 s，待扫描电镜观察。

产菌丝的放线菌用埋片法观察形态。将适当琼脂（1~2 种）平板挖成 3 cm×1 cm 的长方形小穴，在穴边缘接种，随后盖上无菌盖片，培养。待菌体长在盖片上，不同时间（一

第 2 章 原核微生物多相分类鉴定

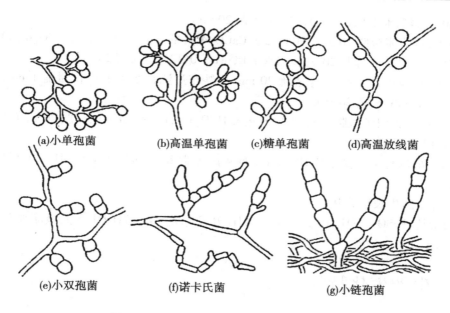

图 2-2 单孢子和短孢链的基本形态模式

一般 2 d、5 d、10 d、20 d)取出盖片,在显微镜下观察。选择好的区域,切成 1 cm×1 cm 小片(或更小),直接在盖片上喷金,用扫描电镜观察细微结构并拍照。注意:埋片时由于多次操作,谨防污染。一般情况下,将盖玻片放于干燥器中干燥 1 h,待水汽挥发干燥之后,用砂轮裁成小长方形,有菌体面朝上,贴于导电胶带上,直接喷金 200 s,扫描电镜直接观察基丝、气丝、孢子的形成及形态。但是有时受到菌株类型、生长时间、生长条件的影响,菌丝及孢子容易出现被抽瘪或者是培养基成分影响较大的特点,采用进一步处理,可避免形态变形。具体操作如下:将培养好的盖玻片放在 2.5% 戊二醛溶液中固定 1.5 h,取出后分别用 30%、50%、70%、90%、100% 乙醇各脱水 1 min,取出放于干燥器中干燥 1 h。选择好的区域,切成 0.3 cm×0.4 cm 小片,喷金 120~200 s,待扫描电镜观察。

细菌形态的微生物的显微结构观察,一般选用透射电镜。首先准备好合适浓度的菌悬液(要观察鞭毛,应减少吹吸次数)。一滴菌悬液、一滴磷钨酸钠(3%)混匀,5 min 之后,加在铜网上,待干燥之后,上演观察。(由于透射电镜的穿透力较强,故应快速进行查找拍照)。

2.1.3 培养特征

将菌种接种在合成培养基(查氏、葡萄糖天门冬素、无机盐淀粉)、有机培养基(马铃薯浸汁、酵母-麦芽汁、燕麦浸汁、葡萄糖-牛肉膏、营养琼脂)上及国际通用部分培养基,一般分别在培养 7 d、15 d、30 d 观察记录生长情况。与标准色卡比较,记录气丝、基丝及可溶性色素的颜色。

注意事项:配置培养基要用二级试剂;试管及配培养基的容器都要用蒸馏水洗干净;要有 3 个重复;接种时注意均匀。

CDA:K_2HPO_4 1 g,KCl 0.5 g,$NaNO_3$ 2 g,$MgSO_4 \cdot 7H_2O$ 0.5 g,$FeSO_4 \cdot 7H_2O$ 0.01 g,

琼脂 20 g,蒸馏水 1 L,pH 7.0,121 ℃灭菌 20 min。

ISP$_4$:可溶淀粉性 10 g,K$_2$HPO$_4$ 2 g,CaCO$_3$ 4 g,微量盐 2 mL,(NH$_4$)$_2$SO$_4$ 4 g,MgSO$_4$·7H$_2$O 2 g,NaCl 2 g,琼脂 20 g,蒸馏水 1 L,pH 7.0,121 ℃灭菌 20 min。

ISP$_3$:燕麦片 20 g + 1 L 水煮沸 20 min 粗纱布过滤补水到 1 L,微量盐 1 mL,琼脂 20 g,pH 7.0,121 ℃灭菌 20 min。

ISP$_5$:L - 天门冬酰胺 1 g,甘油 10 g,K$_2$HPO$_4$ 1 g,微量盐 1 mL,琼脂 20 g,蒸馏水 1 L,pH 7.0,121 ℃灭菌 20 min。

ISP$_2$:酵母膏 4 g,麦芽膏 10 g,葡萄糖 4 g,琼脂 20 g,蒸馏水 1 L,pH 7.0,121 ℃灭菌 20 min。

菌株最适生长培养基。

微量盐:FeSO$_4$·7H$_2$O 1 g,MnCl$_2$·4H$_2$O 1.2 g,Z$_n$SO$_4$·7H$_2$O 1.5 g,蒸馏水 1 000 mL,pH 为 7.2。

2.2 生理生化特性

2.2.1 生理生化实验的内容

常用于微生物分类鉴定的生理生化特征:对温度的适应性,对 pH 的适应性,对渗透压的适应性,对氮源的利用能力(对蛋白质、蛋白胨、氨基酸、含氮无机盐、N$_2$ 等的利用),对碳源的利用能力及产酸(对各种单糖、双糖、多糖以及醇类、有机酸、氨基酸、嘌呤和嘧啶以及其他含碳有机化合物等的利用),需氧性,对抗生素及抑菌剂的敏感性,酶学特性(氧化酶,(过氧化氢酶)接触酶,脲酶等),最适、最低及最高生长温度及致死温度,在一定 pH 条件下的生长能力及生长的 pH 范围,对盐浓度的耐受性或嗜盐性。

2.2.2 实验方法

对于菌丝比较丰富的经典放线菌(传统意义上的具有发达菌丝的放线菌)而言,主要的生理生化实验研究方法及注意事项如下。

2.2.2.1 pH、温度和 NaCl 等耐受实验

这些实验均用 Bennett 琼脂培养基或 YIM 38$^\#$ 培养基作为基础培养基。在 28 ℃环境下分别培养 7 d、14 d 并记录,在 4 ℃、10 ℃环境下培养时,2 周、4 周记录。

pH 实验要用液体培养基来测试,其中缓冲液的选用非常关键。目前所用缓冲系统用于测试 pH 为 4.0 ~ 10.0 下,供试菌株的生长情况,以确定菌株生长的 pH 范围和最适 pH 值。以碳源利用基础培养基作为母液(不同 pH 配制 600 mL),分别添加不同缓冲物质(g/100 mL):pH 4.0,1.24 g 柠檬酸/1.205 4 g 柠檬酸钠;pH 5.0,0.735 35 g 柠檬酸/1.911 g 柠檬酸钠;pH 6.0,0.068 g KH$_2$PO$_4$/ 0.022 4 g NaOH;pH 7.0,0.618 g KH$_2$PO$_4$/ 0.116 4 g NaOH;pH 8.0,0.68 g KH$_2$PO$_4$/ 0.184 4 g NaOH;pH 9.0,0.672 g NaHCO$_3$/ 0.572 44 g Na$_2$CO$_3$·10H$_2$O;pH 10.0,0.336 g NaHCO$_3$/ 1.717 2 g Na$_2$CO$_3$·10H$_2$O。pH 6.5、pH7.5 的缓冲液分别在 pH 6.0、pH 7.0 的基础上用 NaOH(20%)进行调

整;pH 8.5、pH 9.5 的缓冲液分别在 pH 8.0、pH 9.0 的基础上用 $Na_2CO_3 \cdot 10H_2O$(20%)进行调整。最终配制成 pH 4.0、5.0、5.5、6.0、6.5、7、7.5、8、8.5、9、9.5、10 的缓冲液体培养基。

温度实验可用固体培养基代替液体培养基以便于观察。通常测试 0~55 ℃ 供试菌株的生长情况,从而确定菌株生长的温度范围和最适温度。

盐耐受性实验主要测试菌株对 NaCl 及其他盐的耐受能力,也要用液体培养基做实验。通常测试供试菌株在含 0~30%(或相应的克分子浓度)NaCl 和其他盐(W/V)的培养液上能否生长及生长情况,确定该菌株能够耐受 NaCl 和其他盐的上、下限及最适浓度。

2.2.2.2 碳源利用实验

其基础培养基是普戈二氏(Pridham and Gottlieb)推荐的无碳源基础培养基。不同碳源按不同的浓度(糖醇类为 0.5%~1%,其他为 0.1%~0.2%)加入基础培养基。

碳源利用基础培养基:$(NH_4)_2SO_4$ 2.64 g、KH_2PO_4 2.38 g、K_2HPO_4 5.65 g、$MgSO_4 \cdot 7H_2O$ 1.0 g、$CuSO_4 \cdot 5H_2O$ 0.006 4 g、$FeSO_4 \cdot 7H_2O$ 0.001 1 g、$MnCl_2 \cdot 4H_2O$ 0.007 9 g、$ZnSO_4 \cdot 7H_2O$ 0.001 5 g、DW 1 000 mL;pH 7.2~7.4。

2.2.2.3 氮源利用实验

不同氮源按 0.5% 的浓度加入基础培养基。

氮源利用基础培养基:D – Glucose 1 g、$MgSO_4 \cdot 7H_2O$ 0.05 g、NaCl 0.05 g、$FeSO_4 \cdot 7H_2O$ 0.001 g、K_2HPO_4 0.01 g。培养 2 周后,加每种氮源的生长与不加氮源的基础培养基的生长情况做比较。

注意:①碳、氮源实验要用液体培养基培养,以避免琼脂营养的影响;②碳、氮源可用乙醚消毒(带棉塞三角瓶高压灭菌,烘干,将碳氮源放入,加乙醚盖满样品,在通风厨常温挥发乙醚),也可用细菌滤器过滤除菌;③分装碳源时要严格无菌操作。

2.2.2.4 酶学特性实验

通常需要测定的酶学特性实验包括氧化酶、接触酶、脲酶、酯酶、明胶液化、淀粉水解、牛奶凝固与胨化、纤维素水解、硝酸盐还原、产生 H_2S 等。

1. 氧化酶实验

氧化酶又称细胞色素氧化酶。它是细胞色素酶系统的末端呼吸酶。做氧化酶试验时,氧化酶并不直接与试剂起反应,而是首先使细胞色素 C 氧化,然后氧化型的细胞色素 C 使对苯二胺氧化,产生颜色反应。因此,本试验的结果又与细胞色素 C 的存在有关。试剂:1% 二甲基对苯二胺盐酸盐或 1% 四甲基对苯二胺盐酸盐。测定方法如下:

(1)按 Kovacs 最初描述的测定方法。在培养皿内放一张滤纸,滤纸上加 3~4 滴新鲜试剂使其湿润。用玻棒、牙签或白金丝移植环(不可用铬丝或铁丝)。挑取对数生长期的菌苔涂在滤纸上,若菌苔在 10 s 内变成紫色,则为阳性反应。有些菌氧化酶活性较弱,变色时间可比以上所述时间稍长。一般在 60 s 以后变色或一直不变色的为阴性反应。

(2)滤纸条法。即取白色洁净滤纸条蘸少许菌苔,加 1 滴试剂,阳性者立即呈粉红色。

(3)菌落法。将试剂直接滴在菌落上,阳性的菌落立即呈粉红色,继而变成深红色。为了加速颜色的改变,可在菌苔与试剂接触前先在菌苔上加 1 滴甲苯。

注意事项:①本试验应避免铁素污染,否则易出现假阳性。试剂最好现配现用。②培养基使用不当可造成错误结果,培养基中如含有亚硝酸盐,则可与试剂发生红色反应。如含有硝酸盐,当待试菌还原硝酸盐时亦可产生亚硝酸盐,从而造成错误结果。二甲基对苯二胺对亚硝酸盐不太敏感。③培养基中碳水化合物含量过高会抑制氧化酶反应,高于0.5%的葡萄糖含量,由于氧化产酸使培养基pH下降至5.0~5.5或更低时会出现假阴性结果。可用肉汁胨蔗糖培养基培养,待试细菌培养基的蔗糖可减少至0.5%。④所用试剂有剧毒,应避免皮肤接触。

2. 过氧化氢酶(接触酶)实验

具有过氧化氢酶的细菌,能催化过氧化氢分解为水和初生态氧,继而形成分子氧,以气泡形式溢出。

其测定方法是:挑取固体培养基上对数生长期的菌苔置于干净玻片上,滴加3%~10%的过氧化氢,观察结果:0.5 min内产生大量气泡者为阳性,不产气泡者为阴性。亦可直接将试剂加于固体培养基上的菌落,观察结果。

3. 脲酶试验

测试供试菌产生尿素酶的能力。

培养基:peptone 1 g; NaCl 5 g; glucose 1 g; KH_2PO_4 2 g; 酚红 0.012 g; agar 15 g; pH 6.8~6.9(微黄);30%的尿素(乙醚消毒)分开消毒,待培养基冷至55 ℃时将无菌尿素加入,使尿素终浓度为2%。接种,培育4 d后,培养基变成桃红色者为阳性,变为白色者为阴性。

4. 脂酶(Tween 20,Tween 40,Tween 80)试验

培养基:peptone 1 g; NaCl 5 g; $CaCl_2 \cdot 7H_2O$ 0.1 g; agar 9 g; DW 1 000 mL; pH 7.4,于121 ℃灭菌20 min。

底物:Tween 20、Tween 40、Tween 80分别于121 ℃灭菌20 min。

冷却基础培养基于40~50 ℃,分别加无菌Tween 20,Tween 40,Tween 80至终浓度为1%,倒平板。划线接种培养物于平板(点植法),培养1~2周,每天观察。在生长菌苔的周围有模糊的晕圈者为阳性;没有晕圈者为阴性。

5. 明胶(gelatin)液化

培养基(pH 7.2~7.4):Peptone 5 g; Glucose 20 g; Gelation 200 g; DW 1 000 mL。

将菌种接种于明胶培养基表面,不用穿刺法,28 ℃下培养,分别在5 d、10 d、20 d、30 d观察其液化程度。观察前将试管4 ℃冷却20~30 min或用自来水冲洗0.5 h,再观察其液化程度(否则易出现假阳性)。

6. 牛奶凝固与胨化

牛奶蛋白质被菌种初步降解成大片断时,蛋白质就凝固(凝乳酶);再进一步降解,就胨化(蛋白酶)。将待测菌种接种在脱脂牛奶管中,28 ℃下培养,分别在5 d、10 d、20 d、30 d观察一次。如牛奶出现凝块,则为凝固,凝固后有液体出现,凝块进一步水解成液体,就是胨化现象。胨化的渗出液半透明,一般是先凝固后胨化。

牛奶凝固与胨化培养基:Milk powder 200 g; $CaCO_3$ 0.2 g; DW 1 000 mL; 煮沸30 min; 3 000 r/m/min离心30 min; 取上清液8磅, 30 min间歇灭菌2~3次或115 ℃湿热

灭菌 30 min。嗜盐菌可加 10% NaCl(w/v)，如加 15% NaCl 则会使牛奶变性出现假阳性。

7. 淀粉水解

将菌株分别接种于淀粉琼脂平板上，采用点接法（接种直径不要超过 5 mm），待菌种生长良好时，在菌落周围滴加碘液数分钟后，用清水冲去多余碘液检测透明圈。如有淀粉酶产生，即将淀粉变成糊精或利用吸收，遇到碘液不变为蓝色，却形成透明圈，圈的大小表示淀粉酶活性强弱；如不产生淀粉酶，则菌落周围部位遇到碘液呈蓝色。

淀粉水解培养基：Sol starch 10 g；K_2HPO_4 0.3 g；$MgCO_3$ 1 g；NaCl 0.5 g；KNO_3 1 g；Agar powder 20 g；DW 1 000 mL；pH 7.2~7.4。

碘液的制备：碘片 1 g，碘化钾 2 g，蒸馏水 300 mL。

8. 纤维素分解

用来测定菌种产生纤维素酶的能力。将一滤纸条一端浸没在液体培养基中，灭菌后，将待测菌种接种在液面以上的滤纸条上，1 个月后观察滤纸条是否被分解。

纤维素水解培养基（pH 7.2）：$MgSO_4$ 0.5 g；NaCl 0.5 g；K_2HPO_4 0.5 g；KNO_3 1 g；DW 1 000 mL；滤纸条（长 5 cm，宽 0.8 cm）15 磅灭菌 30 min。

2.2.2.5 硝酸盐还原

将待测菌种接在硝酸盐还原培养基中培养，测定其硝酸盐还原情况。

（1）硝酸盐还原培养基：$MgSO_4$ 0.5 g；K_2HPO_4 0.5 g；KNO_3 1 g；Sucrose 20 g；NaCl 0.5 g；DW 1 000 mL；pH 7.2~7.4。

（2）本实验的原理：某些细菌能把培养基中的硝酸盐还原为亚硝酸盐、氨和氮等。如果是这样，当培养液中加入格里氏试剂时，溶液呈现粉红色、玫瑰红色、橙色、棕色等。

（3）试剂：①格里斯氏试剂：A 液——对氨基苯磺酸 0.5 g，稀醋酸（10% 左右）150 mL；B 液——a-苯胺 0.1 g，蒸馏水 20 mL，稀醋酸（10% 左右）150 mL。②二苯胺试剂：二苯胺 0.5 g 溶于 100 mL 浓硫酸中，用 20 mL 蒸馏水稀释。

（4）操作步骤：

第一步，将待测菌种接种于硝酸盐液体培养基中，置 28 ℃下培养 7 d、14 d。

第二步，取 2 支干净的空试管或在白色瓷盘中倒入少许培养 7 d、14 d 的培养液，再滴 1 滴 A 液和 B 液。在对照管中同样加入 A、B 液各 1 滴。

第三步，滴入 A、B 液后，溶液若变为粉红色、玫瑰红色、橙色、棕色等，表示有亚硝酸盐存在，为硝酸盐还原阳性；如无红色出现，则可加一两滴二苯胺试剂，此时呈蓝色，表示培养液中仍有硝酸盐而无亚硝酸盐反应，则还原作用为阴性。若不呈蓝色，表示硝酸盐和新形成的亚硝酸盐都已还原成其他物质，仍按阳性对待。

该反应是在较为厌氧条件下进行的，所以分装培养时液面宜高些。由于亚硝酸盐可以是硝酸盐还原最终产物，也可以是整个还原过程的中间产物，而且各种菌种还原速度相差较大，所以培养 18~24 h 的第一次观察应及时。

2.2.2.6 代谢产物实验

1. MR 实验（甲基红试验）

细菌在糖代谢过程中，分解葡萄糖产生丙酮酸，丙酮酸进一步分解为甲酸、乙酸、乳酸和琥珀酸等，而使培养基的 pH 下降至 4.5 以下，加入甲基红指示剂即呈红色。如细菌分解葡萄糖产酸量少,或产生的酸进一步转化为其他物质(如醇、酮、醛、气体和水)培养基 pH 在 5.4 以上,甲基红呈桔黄色。

(1)MR 与下述的 V-P 实验所用培养基是一样的:Peptone 5 g;Glucose 5 g;K_2HPO_4 5 g;DW 1 000 mL。

(2)甲基红试剂:甲基红 0.1 g;95% 乙醇 300 mL;DW 200 mL。

(3)操作:接种试验菌于液体培养基中,每次 2 个重复,置 28 ℃培养 2 d、6 d,在培养液中加入 1 滴甲基红试剂,红色为甲基红试验阳性反应,黄色为阴性反应(因甲基红变色范围 pH 4.4 红至 6.0 黄)。

2. V-P 实验

有些菌可分解葡萄糖产生丙酮酸,丙酮酸进一步脱羧形成乙酰甲基甲醇。乙酰甲基甲醇在碱性条件下被空气中的氧氧化为二乙酰(丁二酮),进而与培养基蛋白胨中的精氨酸等所含的胍基结合,形成红色的化合物,即 V-P 试验阳性。培养基中加入肌酸、肌酐或奈酚等,可加速反应。

(1)V-P 试剂:肌酸 0.3% 或原粉;40% 的 NaOH 溶液。

(2)操作:接种试验菌于液体培养基中,每次 2 个重复,置室温培养 2 d、6 d,取培养液和 40% 氢氧化钠等量相混,加少许肌酸,10 min 如培养液出现红色,即为实验阳性反应,有时需要放置更长时间才出现红色反应。

3. 色氨酸分解(吲哚产生实验)

有些菌具有色氨酸酶,能分解培养基中的色氨酸产生吲哚。

(1)培养基:1% 胰胨水溶液,调 pH 7.2~7.6,分装 1/3~1/4 试管;115 ℃ 蒸汽灭菌 30 min。

(2)试剂:对二甲基氨基苯甲醛 8 g;乙醇(95%) 760 mL;浓 HCl 160 mL。

(3)操作:接种实验菌于液体培养基中,每次 2 个重复,置室温培养,将培养 1 d、2 d、4 d、7 d 的培养液,沿管壁缓缓加入 3~5 mm 高的试剂于培养液表面,在液层界面发生红色,即为阳性反应。若颜色不明显,可加 4~5 滴乙醚至培养液,摇动,使乙醚分散于液体中,将培养液静置片刻,待乙醚浮至液面后再加试剂。如培养液中有吲哚,吲哚被提取在乙醚层中,浓缩的吲哚和试剂反应,则颜色明显。

2.2.2.7 硫化氢的产生

部分菌可以分解含硫的有机化合物产生硫化氢。常用含蛋白胨培养基做试验,但用半胱氨酸所得结果更为稳定。

(1)柴斯纳(Tresner)培养基:Peptone 10 g;Fe-Citrate 0.5 g;Agar powder 20 g;DW 1 000 mL;pH 7.2,15 磅灭菌 30 min。

(2)操作:将菌种接种在柴斯纳培养基上,培养一段时间后如产生黑色素,则说明有 H_2S 产生,H_2S 与柠檬酸铁结合产生 FeS,培养基呈现黑色。

2.2.2.8 抗生素敏感性实验

测定方法有纸片法和平板法。纸片法较为通用,用划线或平板涂布法将放线菌混匀密布于生长培养基平板,同时用无菌摄子取含抗生素的纸片(可自制也可购买商品)于含菌平板,置 28 ℃培养 1 周后,取出观察,出现抑菌圈者说明对该抗生素敏感。常用的抗生素类别与浓度,制菌霉素(100 μg/片)、多粘菌素(300 IU/片)、庆大霉素(10 μg/片)、利福平(5 μg/片)、新生霉素(30 μg/片)、杆菌肽(0.04 U/片)、新霉素(30 μg/片)、红霉素(15 μg/片)、氯霉素(30 μg/片)、氨苄西林(10 μg/片)、诺氟沙星(10 μg/片)、卡那霉素(30 μg/片)、万古霉素(30 μg/片)、四环霉素(30 μg/片)等。

2.2.2.9 抗菌活性实验

许多放线菌都具有抗菌活性,一般用平板法测定:

1. 实验菌

实验菌有枯草芽孢杆菌(*Bacillus subtilis*)、金黄色葡萄球菌(*Staphylococcus aureus*)、大肠埃希氏菌(*Escherichia coli*)、黑曲霉(*Aspergillus niger*)、白色念珠菌(*Candida albicans*)。也可以根据实验目的增加动植物致病菌,但必须在国家规定的实验室进行。

2. 方法

一般用双层平板。下层为水琼脂;将以上实验菌的菌悬液分别与适宜的培养基55 ℃以下迅速混合,倒于上层,凝固。接种待测菌株,28 ℃培养1周左右,取出观察,记录抑菌圈大小(直径)。也可以用待测菌株的发酵液,注于钢圈;或在平板打孔,注入发酵液;或在平板放置吸饱发酵液的滤纸片,培养适当(1~3 d)时间,等实验菌长好后,观察抑菌圈大小。

结果观察:无抑菌圈,无作用;抑菌圈直径6~15 mm,弱作用;抑菌圈直径>15 mm,强抵制作用。

2.3 化学分类实验

革兰氏阳性菌,尤其是放线菌需要对其细胞壁的氨基酸成分进行分析。放线菌的胞壁氨基酸和糖如下:Ⅰ型,主要含L-DAP(相对百分含量50%以上)、无特征性糖(C型);Ⅱ型,主要含meso-DAP(相对百分含量50%以上)、木糖和阿拉伯糖(D型);Ⅲ型,主要含meso-DAP(相对百分含量50%以上)、马杜拉糖或无或含半乳糖;Ⅳ型,主要含meso-DAP(相对百分含量50%以上)、半乳糖和阿拉伯糖。

2.3.1 细胞壁化学类型

2.3.1.1 全细胞壁氨基酸分析方法

1. 菌体的培养与收获

(1)菌体的培养与生长:放线菌可以液体培养也可固体培养。但由于琼脂分解后产生的化合物Rf值与马杜拉糖相同,所以用液体培养可以避免外源化合物引起分析结果的混乱。培养高温放线菌我们一般使用的是YIM 38#培养基。

(2)细胞的收获与干燥:通过离心收集菌体,用蒸馏水洗涤2次,离心后用95%乙醇洗,过滤。

(3)室温风干,将干菌体置于4℃冰箱中保存。

2. 全细胞壁氨基酸分析步骤

(1)制板:把玻璃板洗净;在研钵中按微晶纤维素:水=1:5.5的比例充分混匀30

min,主要看浓度是否合适。然后每板(20 cm × 10 cm)涂约 10 mL 成薄层,风干过夜,备用。

(2)菌体制备:刮取培养好的菌种斜面或平板一小菌块,装入硬质安瓿管中,加入 6M HCl 0.2 mL,封口,在 120 ℃(砂浴)水解 12 h 左右,水解液以茶褐色为宜。

(3)点样:毛细管取水解液点样 8 ~ 10 滴(也要考虑浓度),标准品 DAP（同时含有 LL – DAP、meso – DAP 和 DD – DAP) 0.2 μL。

(4)展层:用于全细胞氨基酸水解液分析的展层系统为甲醇:吡啶:冰乙酸:水 = 10:1:0.25:5(V/V)。上行法展层 2 次,必须风干后才能进行第二次展层且第二次高度要大于第一次。

(5)显色:氨基酸分析用 0.4% 茚三酮丙酮溶液,100 ~ 110 ℃ 加热 2 ~ 3 min(蓝色)(注意避免时间过长)。

2.3.1.2 纯细胞壁氨基酸分析(纯细胞壁的制备)

1. 菌体收集

采用离心法收集,并用生理盐水离心洗涤 3 次。

2. 纯细胞壁制备

(1)菌体悬浮于 10% 的三氯乙酸(TCA)溶液,沸水浴 45 min,自然冷却,5 000 r/m 离心 10 min,蒸馏水洗 3 次。

(2)沉淀溶于 Trypsin-Phosphate 缓冲液(1 mg/mL Trypsin, 0.1 mol/L PBS, pH7.9)中,37 ℃ 水浴振荡 3 h, 2 000 r/m 离心 30 min,弃沉淀的上清液。

(3)上清液经 13 000 r/m 离心 10 min,弃上清液,沉淀物用蒸馏水洗 3 次。

(4)加入无水乙醇、乙醚脱水干燥、保存。

制备好的样品衍生,检测。

2.3.2 全细胞水解物糖分析

主要参照 Lechevalier(1980)等的方法进行分析。

制板:把玻璃板洗净,在研钵中按微晶纤维素:水 = 1:5.5 的比例充分混匀 30 min,主要看浓度是否合适。然后每板(20 cm × 10 cm)涂约 10 mL 成薄层,风干过夜,备用;

菌体制备:直接用培养好的菌种斜面或平板刮取一小菌块,装入硬质安瓿管中,菌体中加入新鲜配置的 0.5 N HCl,封口,120 ℃ 水解 1 ~ 2 h,用于糖分析的水解液以黄棕色为宜。

点样:毛细管取水解液点样 10 ~ 15 滴(也要考虑浓度),标准品是同时含有 1% 鼠李糖、核糖、木糖、阿拉伯糖、甘露糖、葡萄糖和半乳糖的混合液,马杜拉糖单独配制成 1% 的浓度存放在 – 20 ℃ 冰箱中。

展层:用于全细胞糖组分分析的展层系统为正丁醇:吡啶:甲苯:水 = 10:6:1:6(体积比)。展层液的量不能超过点样高度。上行法 2 次展层,必须风干后才能进行第二次展层且第二次高度要大于第一次。

显色:显色剂:邻苯二甲酸 1.66 g,苯胺 0.93 g,水饱和的正丁醇 100 mL 溶解。喷雾,120 ℃ 加热 3 ~ 4 min。标准层析图谱依 Rf 值由小到大依次为半乳糖、葡萄糖、甘露糖、阿拉伯糖、木糖、鼠李糖。其中木糖、阿拉伯糖与核糖呈粉红色,其余糖呈褐黄色。

S1 = 糖标准品样(含半乳糖、甘露糖、木糖和鼠李糖),S2 = 糖标准品样(葡萄糖,阿拉伯糖,核糖);S3 = 糖标准品样(马杜拉糖)

2.3.3 磷脂的鉴定

2.3.3.1 磷脂的提取

收集菌体采用离心法(4 500 r/min,每次 10 min)用蒸馏水或 10% ~ 15% NaCl(古菌或嗜盐菌)洗 2~3 次。

(1)称取 1 g 湿菌体(或 200 mg 干菌体 + 4 mL 1% NaCl(w/v))于一带螺口的 40 mL 离心管中(一株菌做两管)。

(2)加入 15 mL 甲醇(拧紧盖子)。

(3)沸水浴 10 min(普通环境 5 min),自然冷却。

(4)加入 10 mL 氯仿后加入 2% NaCl,直至分层。

(5)用力摇匀 10 min。

(6)为了使磷脂沉淀更充分,可以选择以 8 000 r/min 的速度离心 10 min。

(7)垂直静置离心管,待分层后取下层无杂质的液体于旋蒸瓶中,30 ~ 40 ℃浓缩抽干。

(8)分两次各加入 200 μL 氯仿/甲醇(2:1,V/V)(用移液枪吸取溶剂冲洗器壁多次)。

(9)液体移入 EP 管(100 ~ 200 μL),8 000 r/min,离心 10 min,去沉淀。若分层,把上层泡沫去掉。

(10)4 ℃保存备用。

常见问题如下:

(1)不分层。A:NaCl 没加或没加够,或忘记加氯仿;B:甲醇氯仿相需要一定的离子浓度才会分层。

(2)两相间不清晰,似乎有第 3 层(氯仿加少,离子浓度太大)。

(3)过滤法氯仿相比用分液漏斗要混浊,磷脂 Rf 比标样低(不能用)。

(4)4 ℃过夜后再分液收集(分液效果最好,杂质少)。

2.3.3.2 显色剂配制

1. 钼蓝试剂(Dittmer and lester 试剂(P 试剂,又称钼蓝试剂或磷酸试剂)

(1)溶液 A:40.11 g 三氧化钼溶于 1 L 25N H_2SO_4(浓硫酸:水 = 2:1)中,煮沸 1 h 溶解。

(2)溶液 B:1.78 g 钼粉溶于 500 mL 溶液 A 中,煮沸 15 min,冷却后弃掉残余物。

(3)将 10 mL 溶液 A + 10 mL 溶液 B,再加入 40 mL 蒸馏水,摇匀混均即为 P 试剂(黄绿色 4 ℃保存半年)。

2. 茴香醛试剂

茴香醛试剂易氧化失效,应现用现配。

95% 乙醇:浓硫酸:p - 茴香醛:冰醋酸 = 270:15:15:3 (V/V) = 54:3:3:0.6。

注:先加乙醇、浓硫酸,感到热量后再加冰醋酸最后加茴香醛。

3. α-萘酚试剂

α-萘酚试剂易氧化失效,应现用现配。

(1)15g α-萘酚溶于100 mL 95%乙醇,配成15%(W/V)的α-萘酚乙醇溶液。

(2)使用时取10.5 mL溶于6.5 mL浓H_2SO_4 +40.5 mL无水乙醇+4 mL蒸馏水中。

4. 茚三酮试剂

0.4 g 茚三酮溶于100 mL水饱和正丁醇(水:正丁醇=1:10)。

5. D试剂

A液(次硝酸铋):3.5 mL,B液(碘化钾):5 mL,冰醋酸:20 mL,蒸馏水:50 mL。按照以上顺序依次加入容器中混匀。

6. 磷钼酸盐

磷钼酸盐5 g溶到100 mL的无水乙醇中,常温下磁力搅拌2~3 d。

2.3.3.3 提取磷脂的判断

1. 向预点样(判断磷脂的提取浓度及上样量判断)

(1)使用青岛化工H板10 cm×10 cm。

(2)距离底边1 cm点样(7~8滴)。

(3)用展层液为氯仿:冰醋酸:甲醇:蒸馏水=80:18:12:5(V/V)(色谱纯,现用现配)。

(4)自然风干后用P试剂喷雾显色,根据所显蓝色斑纹初步判断其是否含有磷脂及磷脂含量。

2. 双相点样展层

(1)使用MERCK公司生产的Silica gel 60板10 cm×10 cm。

(2)距离底边1.5 cm×1.5 cm点样(5~15 μL)。

(3)用展层液为(色谱纯 现用现配):第一相,氯仿:甲醇:蒸馏水=65:25:4(V/V);第二相,氯仿:冰醋酸:甲醇:蒸馏水=80:18:12:5(V/V)。

(4)展层

展层顺序由第一相到第二相,展层方向如图2-3所示。

第一相展层至顶边1.5 cm取板,自然风干后用吹风机逐行吹干30 min,再进行第二相展层,距顶边1.5 cm取板,自然风干后喷雾显色。

3. 显色

距板10~15 cm处用喷瓶气雾状喷显色剂。

1)钼蓝试剂

不能喷湿,不需加热,蓝色斑点很快显出,蓝色斑点为磷酸类脂(phospholipids)。

2)茴香醛试剂

110 ℃加热6~10 min,黄绿色斑点(同时钼蓝试剂显色为蓝色的)为含糖的磷脂,如PGLs的Rf值高,PIMs的Rf值低。黄绿色斑点(同时钼蓝试剂显色不是蓝色的)为糖脂。

3)α-萘酚试剂

100 ℃加热3~5 min,红色斑点为糖脂(glycolipids)。

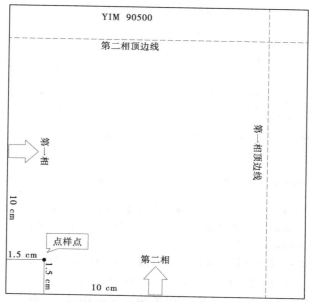

图 2-3 磷脂双相展层示意图

4）茚三酮试剂

100 ℃加热 6~10 min，红色的斑点为含氨基的结构，可对含葡萄糖胺的 PE、PME 及含葡萄糖胺的未知磷脂特异性显色，但不能对含氨基的 PC 特异性显色。

5）D 试剂显色

喷雾显色后，微显红色的点在相应位置即为 PC、PE 或 PME。

4. 磷脂组分分析

（1）只用一种磷脂显色剂来分析判断磷脂组分是非常不准确的，必须几种显色剂相互验证，结果才可靠。

（2）对不需要分析糖脂的放线菌来说，无需用 α-萘酚试剂显色，可选择 4 块板来做。磷脂模式见图 2-4。

① 第 1 块板用钼蓝试剂显色，所有的蓝色斑点都是磷酸类脂。包括磷脂、含糖的磷脂、含氨基的磷脂及未知结构的磷脂。

② 第 2 块板先用茴香醛试剂显色，照相或扫描后用钼蓝试剂显色，再次照相或扫描，此时与第一次扫描结果相比，蓝色斑点就是磷脂（如 PI、PC、PE、PME、DPG 和未知结构的磷脂），黄色斑点（同时钼蓝试剂显色为蓝色）为含糖的磷脂，如 PGLs 的 Rf 值高，PIMs 的 Rf 值低，黄色斑点未变蓝色的可能是糖脂或色素。

③ 第 3 块板先用茚三酮显色，红色斑点为含氨基的结构或含葡萄糖胺的磷脂（如 PE、PME 及未知结构的含葡萄糖胺的磷脂），照相或扫描后用钼蓝试剂显色，再次照相或扫描，此时与本块板第一次扫描结果相比，在 PE、PME 的相应位置，若有斑点在茚三酮显色时为红色，而后经钼蓝显色又变为蓝的点就是 PE 或 PME。含氨基的 PC 不和茚三酮反应，不显红色。

④ 第 4 块板先由 D 试剂显色，照相，再由钼蓝显色照相来确定 PC、PE、PME。方法同

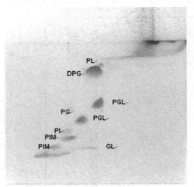   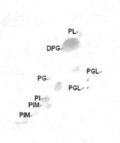

(a)茴香醛试剂显色结果　　　　　　(b)钼蓝试剂显色结果

注：PG，磷脂酰甘油(*phosphatidylglycerol*)；DPG，双磷脂酰甘油(*Diphosphatidylglycerol*)；AL，一种含氨基的极性脂(*one aminolipid*)；PGL，未知含磷极性糖酯(*unknown phosphoglycolipid*)；PL，磷脂(*phospholipid*)；PIM，磷脂酰肌醇甘露糖苷(*phosphatidylinositol mannoside*)。

图2-4　姜氏菌属 YIM 002T 用双向层析法分析其极性脂的结果

上，在相应位置先变微红后变蓝色的点即为 PC、PE、PME。

（3）需要分析糖脂的放线菌，还应该再多跑一块板用 α-萘酚试剂显色，100 ℃加热3~5 min，红色斑点为糖脂(glycolipids)，糖脂类型的判断要和标准菌种比较分析。

（4）不能分析鉴定的磷脂可定为 unknown phospholipids，不能分析鉴定的糖脂为 unknown glycolipids。

2.3.4　醌组分分析

醌组分的提取参照 Collins 的方法，用高压液相(HPLC)来分析醌型。具体操作如下。

2.3.4.1　菌体的收集制备

菌体可以液体培养也可以固体培养。通过离心收集菌体，用蒸馏水洗涤2次，离心后-70 ℃冻3 d，真空抽3 d，冻干菌体4 ℃保存备用或放入干燥器干燥保藏，注意绝对不能遇水，尽量避光，特别是直射光(室内散射光不怕)。

部分放线菌的优势甲基萘醌组成见表2-1。

其他细菌及古菌的醌型可以根据标准菌株特有的醌型，或者实验室所测的不同醌型的保留时间来判定。

2.3.4.2　醌的提取及纯化

（1）取冻干菌体约100 mg，加入氯仿：甲醇 = 2∶1 的溶液40 mL，在黑暗处磁力搅拌10 h 左右或摇瓶过夜。

（2）在黑暗处用滤纸过滤收集滤液。

（3）用减压旋转薄膜蒸发仪40 ℃减压蒸馏至干燥。

（4）用少量(1 mL)丙酮重新溶解干燥物，长条状点样(4 cm)于 GF254 硅胶板上(青岛海洋化工厂分厂，10 cm×20 cm)，硅胶板最好于65 ℃活化0.5 h 左右。同时在一端点VK 做对照(可不做)。

表 2-1 部分放线菌的优势甲基萘醌组成

胞壁 I 型	主要的甲基萘醌	胞壁 II 型	主要的甲基萘醌	胞壁 III 型	主要的甲基萘醌	胞壁 IV 型	主要的甲基萘醌
Nocardioides	MK-8(H_4)	*Actinoplanes*, *Ampullariella*, *Catellatospora*	MK-9(H_4), -10(H_4)	*Microtetraspora pusilla*, *Microteraspora glauca*	MK-9 (H_0,H_2,H_4)	*Micropolyspora*, *Saccharmonospora*, *Saccharopolyspora*	MK-9(H_4)
Intrasporangium	MK-8	*Dactylosporangium*	MK-9 (H_4,H_6,H_8)	*Microbispora*	MK-9 (H_6,H_2,H_4)	*Amycolata*, *Peudonocardia*	MK-8(H_4)
Streptomyces (*Streptoverticillium*), *Sporichthia*	MK-9 (H_6, H_8)	*Micromonospora*	MK-9(H_4), -10(H_4)	*Planobispora*, *Streptosporangium*	MK-9 (H_2,H_4)	*Nocardia*	MK-8(H_4), -9(H_2)
Kineosporia	MK-9(H_4)	*Pilimelia*	MK-9 (H_2,H_4)	*Actinosynnema*, *Glycomyces*	MK-9(H_4), -10(H_4)		
				Nocardiopsis	MK-10 (H_2,H_4,H_6)		

（5）以甲苯作展层剂展层约 20 min。（距底边 1 cm 点样，距顶边 1 cm 取板）

（6）取出点样风干后在 254 nm 紫外灯下观察。若 Rf = 0.8，在绿色荧光背景下呈暗褐色的带即为甲基萘醌的位置，VK 位点齐平，若 Rf = 0.4～0.5 的位置处有暗褐色的带则为泛醌组分。（用铅笔勾画好，如图 2-5 所示）。

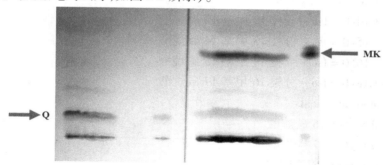

注：只有在 250 nm 和 270 nm 紫外波长检测都有最大吸收峰才是醌；
MK：甲基萘醌；Q：泛醌

图 2-5 细菌放线菌醌系统薄板层析

（7）刮下 Rf = 0.8 的带，用 0.5 mL 甲醇溶解，然后用细菌过滤器（d = 0.45 μm）过滤除去硅胶（预留空气可全部挤出液体），收集滤液（<37 ℃适当浓缩至 100 μL，不可低于 100 μL，或放到 <37 ℃用锡箔包裹开口浓缩），即得甲基萘醌的甲醇溶液。置于 4 ℃黑暗处保存。

2.3.4.3 高压液相色谱（HPLC）测定甲基萘醌组分

高压液相色谱（HPLC）测定见表 2-2。

表 2-2　高压液相色谱（HPLC）测定参数

项目	仪器名称	色谱柱	流动相	进样量	检测波长	流速	柱温
参数	Agilent 1100	Zorbax Eclipse XDB-C18 5 μm, 250×4.6mm id	甲醇:异丙醇=2:1(V/V)	20 μL	270 nm	1.00 mL/min	40 ℃

2.3.4.4　结果分析

根据标准条件下不同甲基萘醌组分与洗脱时间的关系,结合标准菌株的校正值,分析实验菌株的甲基萘醌。

2.3.5　脂肪酸分析

2.3.5.1　脂肪酸类型介绍

现在大多用气相色谱仪测定各种脂肪酸的百分含量,对不同脂肪酸的有无、高含量(5%以上)的组成直接进行比较,而不再将它们分型。常需记录的脂肪酸种类及其链长和代表的含义如下:

Anteiso – branched fatty acid:

Anteiso – C15:0 = Anteiso – 分枝 12 – 甲基 14 碳烷酸

Anteiso – C17:0 = Anteiso – 分枝 14 – 甲基 16 碳烷酸

Iso – branched fatty acid:

Iso – C14:0 = Iso – 分枝 12 甲基 13 碳烷酸

Iso – C15:0 = Iso – 分枝 13 甲基 14 碳烷酸

Iso – C16:0 = Iso – 分枝 14 甲基 15 碳烷酸

Iso – C18:0 = Iso – 分枝 16 甲基 17 碳烷酸

Saturated fatty acid:

C16:0 = 直链 16 碳烷酸

C17:0 = 直链 17 碳烷酸

C18:0 = 直链 18 碳烷酸

Unsaturated fatty acid:

C16:1 = C16:1(cis 9,10) = 单不饱和 cis – 9,10 – 16 碳脂酸

C17:1 = 单不饱和 cis – 9,10 – 17 碳脂酸

C18:1 = 单不饱和 cis – 9,10 – 18 碳脂酸

10 – methyl C17:0 = 18 – Me(10) = 10 – 甲基分枝 18 碳烷酸

Cyclopropane acid

C19:0 = 11,12 – 甲叉 18 碳烷酸

C17:0 = 9,10 – 甲叉 16 碳烷酸

X – Hydroxy acid = X – OH – 脂酸,大多数放线菌缺乏羟基脂肪酸。

当前通用的方法是具有 MIDI(microbial identification system)软件的气相色谱(GC)分

析系统(Sasser,1990;Kampfer,1996)。

2.3.5.2 脂肪酸分析

一般采用美国 MIDI 公司 Sherolock 全自动细菌鉴定系统(国内的北京军事医学科学院微生物流行病研究所、武汉大学典型物保藏中心等单位提供对外服务)。

1. 菌株的培养

对普通环境中的放线菌而言,一般采用 TSB(trypticase soy broth)液体培养基,培养温度为 28 ℃,培养时间为 3~10 d;标准文库为 ACTIN 2 1.00 和 TSBA40 4.10。TSB 液体培养基配制:30.0 g Tryptone Soya Broth (BBL 11768, Oxoid CM129 or Merk 5459);加水至 1 000 mL,pH 自然;121 ℃灭菌 15 min。也可以采用 TSA(Trypticase Soy Agar)培养基进行固体培养,培养一定时间后直接刮取菌体使用。

对特殊或极端环境中的放线菌而言,可以采用适合菌株生长的最适培养基和培养条件进行菌体的繁殖,供脂肪酸分析使用。

2. 脂肪酸的提取

1)分析所使用的试剂

Reagent 1(皂化试剂):45 g 氢氧化钠(分析纯)溶于 150 mL 甲醇(HPLC 级)及 150 mL 去离子蒸馏水,将水与甲醇混合,搅拌过程中加入氢氧化钠,直至氢氧化钠颗粒完全溶解。

Reagent 2(甲基化试剂):325 mL 6N 盐酸,275 mL 甲醇(HPLC 级),在搅拌过程中将酸加入甲醇中。

Reagent 3(提取试剂):200 mL 正己烷(Hexane, HPLC 级),200 mL 甲基正丁醚(Methyl-tert Butyl Ether, HPLC 级)乙醚混合均匀,将甲基正丁醚加入正丁烷中搅拌。

Reagent 4:10.8 g 氢氧化钠,900 mL 去离子蒸馏水,搅拌过程中加入氢氧化钠,直至完全溶解。

Reagent 5:饱和氯化钠溶液,加 40 g 分析纯氯化钠于 100 mL 重蒸水。

2)脂肪酸的提取过程

脂肪酸的提取过程包括 5 个步骤(如图 2-6 所示):

(1)菌体收集:用接种环从培养基表面刮取适量放线菌培养物(约 40 mg),置于螺口玻璃管中。

(2)皂化(裂解细胞以使脂肪酸从细胞质中释放出来):加入 1 mL Reagent 1,振荡 5~10 s,拧紧螺盖,沸水浴 5 min,取出振荡 5~10 s,再度拧紧螺盖,继续沸水浴 25 min。

(3)甲基化(形成脂肪酸甲基脂):待样品管冷却后,加入 2 mL Reagent 2,盖严,振荡 5~10 s,随后精确控制 80±1 ℃水浴 10 min,冰浴冷却。此步骤需严格控制温度和时间,以免羟基酸和环式脂肪酸受到破坏。

(4)提取(脂肪酸甲基脂从水相转移到有机相):在冷却的样品管中加入 1.25 mL Reagent 3,慢慢振荡 10 min 左右,加 2~3 滴饱和氯化钠溶液,弃下层水相。

(5)碱洗:在剩余有机相中加入 3 mL Reagent 4,慢慢振荡 5 min 左右,加几滴饱和氯化钠溶液(目的是使分层更明显),取 2/3 上层有机相置气相色谱样品瓶中备用。

3. 仪器分析方法

使用 HP6890 气相色谱仪,配备分流/不分流进样口,氢火焰离子化检测器(FID)及

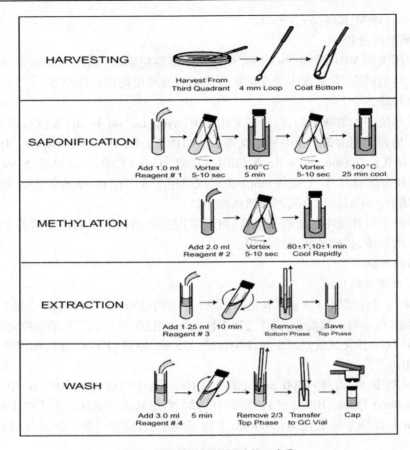

图2-6 脂肪酸的提取过程5步骤

HP气相色谱化学工作站（HP CHEMSTATION ver A 5.01）；色谱柱为Ultra－2柱，长25 m，内径0.2 mm，液膜厚度0.33 μm；炉温为二阶程序升温：起始温度170 ℃，每分钟5～260 ℃，随后以40 ℃/min升至310 ℃，维持1.5 min；进样口温度250 ℃，载气为氢气，流速0.5 mL/min，分流进样模式，分流比100∶1，进样量2 μL；检测器温度300 ℃，氢气流速30 mL/min，空气流速216 mL/min，补充气（氮气）流速30 mL/min。校准标样（Calibration standard）为MIDI，Inc. 提供的MIDI Calibration Mix 1。分析系统设定为打印"Chromatographilic Report"［如图2-7(a)所示］和"Sherlock Composition（如图2-7(b)所示）"。

2.4 分子系统学实验

2.4.1 核酸的提取及纯化

2.4.1.1 DNA的酶法提取

（1）50 mg菌体加1×TE稀释成2 mg/mL的溶菌酶500 μL放入37 ℃摇床1～2 h。

（2）加20% SDS 50 μL及蛋白酶pK 5 μL振荡混匀1 min，放入55 ℃烘箱30～60 min

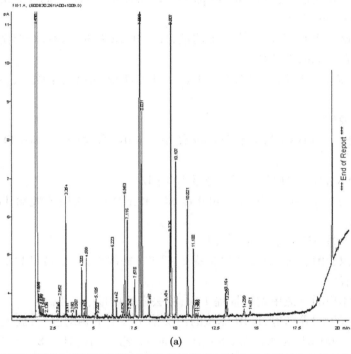

(a)

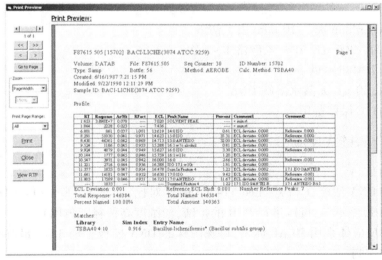

(b)

图 2-7 测试样品的层析图谱(a)及脂肪酸组份分析报告(b)

〔pK 浓度为 20 μg/mL〕。

(3)加 550 μL 苯酚:氯仿:异戊醇(25:24:1),振荡混匀,12 000 r/min 离心 10 min,

吸取上清液(不要吸到中间渣滓,重复抽提2次)。

(4)上清液加入50 μL 3 mol/L 乙酸钠(pH 4.8~5.2)混匀后加500 μL 异丙醇,放入-20 ℃冰箱1~2 h 或过夜;或者加800 μL 无水乙醇,加80 μL 3mol/L 乙酸钠(pH 4.8~5.2)室温放置10 min 以上。

(5)12 000 r/m 离心10 min,去除上清液,加200 μL 70% 乙醇,轻摇洗盐1~2次,12 000 r/m 低温离心5 min,弃乙醇。

(6)37~55 ℃干燥后加1×TE 50 μL 溶解 DNA(视 DNA 量而定), -20 ℃保存备用。

2.4.1.2 DNA 纯化

(1)取上述提取的 DNA 与标准 Marker 使用 TaKaRa 公司的 λ – Eco T14 I Digest 进行检测。

(2)若有 DNA,加入 TE (1×TE) 补足500 μL。

(3)加入15 μL RNase A(浓度为400 u/mL)和150 μL 核糖核酸酶 T1(浓度为400 μ/mL)充分混匀。

(4)放入37 ℃摇床上摇30 min 以上。

(5)用等体积的酚氯仿(25∶24∶1)抽提2~3次(每次充分混匀),12 000 r/m 离心5~10 min,吸取上清液。

(6)加入等体积的三氯甲烷再抽提1次,除去残留的酚。

(7)加入等体积的异丙醇,1/10 体积的乙酸钠小心上下翻动混匀;放入-20 ℃冰箱1 h 以上;或者加入800 μL 无水乙醇, 80 μL 3 mol/L 乙酸钠(pH 4.8~5.2)室温放置10 min 以上。

(8)12 000 r/min 离心10 min,去上清液。

(9)用200~300 μL 70% 乙醇洗1~2次。

(10)于37 ℃烘箱烘干。

(11)加入30 μL 无菌水溶解 DNA。

(12) -20 ℃保存备用。

2.4.2 聚合酶链式反应

(1)提取 DNA。

(2)检测 DNA 浓度,(和 λ – Eco T14 I Digest 对比,如与 λ – Eco T14 I Digest 中我们想要的目的条带差不多,可以进行 PCR 的扩增,如浓度高稀释了再用)。

(3)PCR 反应体系用50 μL 体系,每株菌株的 DNA 模板扩增3份,最终得到 PCR 产物150 μL,并检测。

(4)PCR 引物。

细菌及放线菌 PCR 引物采用通用引物 PA/PB,序列为:

正向引物21下:5'- CAG AGT TTG ATC CTG GCT -3'

反向引物1492R:5'- AGG AGG TGA TCC AGC CGC A -3'

古菌引物:

正向引物 P_1:5'- ATT CCG GTT GAT CCT GCC GGA -3'
反向引物 P_2:5'- AGG AGG TGA TCC AGC CGC AG -3'
引物由 Sangon 公司合成。

(5) PCR 扩增

PCR 反应采用热启动程序。PCR 所用的 10×Buffer、Taq DNA 聚合酶、dNTP 均购自昆明好科迪经贸有限公司。反应体系如下：

10×Buffer　　　5.0 μL
dNTP　　　　　4.0 μL
PA　　　　　　1.0 μL
PB　　　　　　1.0 μL
Taq 酶　　　　0.3 μL
D. D. Water　　37.7 μL
DNA Template　1.0 μL
加石蜡油　　　30 μL

(6) PCR 反应条件采用热启动 PCR 反应程序，PCR 仪采用 Biometra 公司产品。反应条件如下：

94 ℃　预变性　　4 min
80 ℃　暂停　　　加酶
94 ℃　变性　　　1 min
56 ℃　退火　　　1 min
72 ℃　延长　　　2 min 30 个循环
72 ℃　延长　　　10 min
4 ℃　保存　　　24 h

PCR 反应结束后，电泳检测反应产物。电泳使用 0.8%(w/v) 琼脂糖凝胶，琼脂糖使用赛百胜生物公司产品，电泳仪为国产六一公司产品，电泳液为 1×TAE 或 0.5×TBE。①将 100 mL 琼脂糖凝胶溶液在微波炉中融化。②加入 5 μL GoldView，轻轻轻摇匀，避免产生气泡。③冷却至不烫手时倒胶，待琼脂糖凝胶完全凝固后上样电泳 100 V 电泳 30～60 min，Marker 使用 TaKaRa 公司的 λ - Eco T14 I Digest，检测的目的条带为 1 500 bp。电泳结束后，取出在紫外灯下观察，PCR 反应结果正确的样本，供后续实验使用。

2.4.3 克隆

一般来说，通过克隆制备的 DNA，测序的质量更好。

2.4.3.1 胶纯化 DNA

用生工的胶回收试剂盒。

(1) 目的 DNA 提出后，PCR 扩增(100 μL 体系)，电泳时用 100 μL 梳子铺胶，上样不低于 100 μL，PCR 产物较弱不能做胶回收。

(2) 取 1.5 mL 离心管一个，称重并记录。

(3) 通过琼脂糖凝胶电泳将目的 DNA 片段与其他 DNA 尽可能分开，然后用干净的手术刀割下含需回收 DNA 的琼脂块,放入称过重的 1.5 mL 离心管中,判定 DNA 位置时,要尽可能使用长波长紫外光,在紫外光下照射的时间应尽可能的短。

(4)再称加入凝胶后的离心管质量,计算凝胶质量,按 400 μL/100 mg 琼脂糖凝胶的比例加入 Binding BufferII,置于 50 ~ 60 ℃水浴中或者 50 ~ 60 ℃温箱里 10 min,使胶彻底融化,加热熔胶时,每 2 min 混匀一次。

(5)将融化好的胶溶液转移到套放在 2 mL 收集管中的 UNIQ - 10 柱中,室温放置 2 min,8 000 r/min 室温离心 1 min。

(6)取下 UNIQ - 10 柱,倒掉收集管中的废液,将 UNIQ - 10 柱放入同一个收集管中,加入 500 μL Wash Solution,8 000 r/m 室温离心 1 min。

(7)重复上步一次。

(8)取下 UNIQ - 10 柱,倒掉收集管中的废液,将 UNIQ - 10 柱放入同一个收集管中,12 000 r/min 室温离心 15 ~ 30 s。

(9)将 UNIQ - 10 柱放入一个新的 1.5 mL 离心管中,在柱子膜中央加 40 μL Elution Buffer,55 ~ 65 ℃放置 10 min。

(10)12 000 r/m 室温离心 1 min,离心管中的液体即为回收的 DNA 片段,即可使用或保存于 - 20 ℃备用。

2.4.3.2 连接

1. 连接(宝生物原装)

Ligation reaction system:

Ligation Mix   5 μL

pMD18 - T Vector   0.3 ~ 0.5 μL

DNA 4.5 ~ 4.7 μL

总体积 10 μL

自购酶(宝生物)

Buffer   1 μL

酶   0.5 μL

Pmd18 - T Vection 0.5 μL

DNA   5 μL

水   3 μL

总体积   10 μL

2. 转化(注意:转化要在冰盒中进行)

(1)取 100 ~ 200 μL 感受态细胞置于冰盒中解冻。

(2)加入 5 μL 连接混合液,轻微混匀,冰盒中放置 30 min。

(3)42 ℃水浴热激 90 s,然后快速将管转移到冰浴中,使细胞冷却 2 ~ 10 min(反应过程不要摇动离心管)。

(4)加 400 μL LB 培养基,37 ℃、200 ~ 250 r/m 摇床培养 1 h。

(5)4 000 r/min 离心 5 分钟,弃上清液,再加 100 μL LB 培养基,混匀。

(6)接种到含氨苄/IPTG/X - Gal 的 LB 培养基上。

(7) 37 ℃培养 1 h 后,倒转平板,培养 16~24 h。
(8) 筛选。

当外源 DNA 片段克隆到 pUcm-T 或 pMD18-T 载体中后,LacZ 基因阅读框编码序列被改变,重组子在含氨苄/IPTG/X-Gal 的 LB 培养基上呈现白色克隆,非重组子呈现蓝色克隆。若不加 IPTG/X-Gal 的 LB 培养基上只呈现白色克隆。挑取白色克隆子于 LB 液体培养基中,活化 6~10 h,取 1 μL 菌悬液做 PCR 扩增,使用引物为 M13+/-,电泳检测在 1 500 bp 左右有明显条带的菌悬液送上海生物工程有限公司,做相应的克隆测序。

2.5 菌株构建系统进化树

选用菌株对应的测序引物进行菌株 16S rRNA 基因扩增,扩增体系:25 μLPCR Mix (2×Premix)(TaKaRa), 1 μL 正向引物,1μL 反向引物,1.5 μLDNA 模板,无菌水 21.5 μL。PCR 扩增条件为:95 ℃ 4 min;95 ℃ 1 min;56 ℃ 30 s;72 ℃ 45s;32 个循环;72 ℃ 10 min。根据 16S rRNA 基因序列信息,通过 EzBioCloud server databases (http://www.ezbiocloud.net/)进行序列比对,进一步分析纯培养分离物种多样性;对于 16S rRNA 基因克隆序列小于 98.5% 的菌株,作为潜在新物种,从 NCBI 数据库下载相近序列,利用 MEG 5.0 构建 NJ(Neighbour joining)、MP(Maximum parsimony)、ML(Maximum likelihood)系统发育树,对菌株进化地位进行判断。

2.6 菌株基因组测序及分析

利用化学法对菌株基因组进行提取,NanoDrop 对 DNA 的浓度及纯度进行检测。送未来组进行,运用 SOAPdenovo 软件(http://soap.genomics.org.cn/soapdenovo.html)对 reads 数据进行组装,得到基因组的精细图。利用基因组在线预测软件(http://rast.nmpdr.org)进行功能基因的预测及基因组的比较分析;利用 tRNAscan-SE 1.23、RNAmmer 1.2 以 Rfam 数据库预测 tRNA 和 rRNA;Cluster of Orthologous Groups of proteins(COG),由 NCBI 创建并维护的蛋白数据库,根据细菌、藻类和真核生物完整基因组的编码蛋白系统进化关系分类构建而成。通过比对可以将某个蛋白序列注释到某一个 COG 簇中,每一簇 COG 由直系同源序列构成,从而可以推测该序列的功能。利用 COGs 对基因进行功能;利用 InterPro 数据库库进行 GO(Gene Ontology)注释分析,预测蛋白功能。利用 KEGG(Kyoto Encyclopedia of Genes and Genomes)数据库代谢通路基因进行预测分析。

参 考 文 献

[1] 徐丽华,李文均,刘志恒,等. 放线菌系统学——原理、方法及实践[M]. 北京:科学出版社,2007.
[2] Collins M D, Pirouz T, Goodfellow M, Minnikin DE. Distribution of menaquinones in *actinomycetes and corynebacteria*[J]. J Gen Microbiol,1977,100: 221-230.
[3] Minnikin D, O'Donnell A, Goodfellow M,et al. An integrated procedure for the extraction of bacterial iso-

prenoid quinones and polar lipids[J]. *J Microbial Methods* 1984, 2: 233-241.

[4] Kroppenstedt R M. Separation of bacterial menaquinones by HPLC using reverse phase (RP18) and a silver loaded ion exchanger as stationary phases[J]. *J LiqChromatogr*, 1982, 5: 2359-2367.

[5] Tamaoka J, Katayama-Fujimura Y, Kuraishi H. Analysis of bacterial menaquinone mixtures by high performance liquid chromatography[J]. *J Appl Bacteriol*, 1983, 54: 31-36.

[6] Sasser M. Identification of Bacteria by Gas Chromatography of Cellular Fatty Acids, MIDI Technical Note 101[M]. Newark: MicrobialID, Inc; 1990.

[7] Lane D J. 16S/23S rRNA sequencing. In: Stackebrandt E, Goodfellow M (eds) Nucleic acid techniques in bacterial systematics[J]. Wiley, Chichester, 1991: 115-175.

[8] Yoon S-H, Ha S-M, Kwon S, et al. Introducing EzBioCloud: a taxonomically united database of 16S rRNA gene sequences and whole-genome assemblies[J]. Int J Syst Evol Microbiol, 2017, 67: 1613-1617.

[9] Thompson J D, Gibson T J, Plewniak F, et al. The CLUSTAL-X windows interface: Flexible strategies for multiple sequence alignment aided by quality analysis tools[J]. Nucleic Acids Res, 1997, 25: 4876-4882.

[10] Tamura K, Peterson D, Peterson N, et al. MEGA5: Molecular evolutionary genetics analysis using maximum likelihood, evolutionary distance, and maximum parsimony methods[J]. Mol Biol Evol, 2011, 28: 2731-2739.

[11] Saitou N, Nei M. The neighbor-joining method: a new method for reconstructing phylogenetic trees[J]. Mol Biol Evol 1987, 4: 406-425.

[12] Kluge A G, Farris J S. Quantitative phyletics and the evolution of anurans[J]. Syst Zool, 1969, 18: 1-32.

[13] Fitch WM. Toward defining the course of evolution: minimum change for a specific tree topology[J]. Syst Biol, 1971, 20: 406-416.

[14] Felsenstein J. Evolutionary trees from DNA sequences: a maximum likelihood approach. J Mol Evol[J]. 1981, 17: 368-376.

[15] Aziz R K, Bartels D, Best A A, et al. The RAST Server: rapid annotations using subsystems technology [J]. BMC genomics, 2008, 9(1): 75.

[16] Lowe T M, Eddy S R. tRNAscan-SE: a program for improved detection of transfer RNA genes in genomic sequence[J]. Nucleic acids research, 1997, 25(5): 955-964.

[17] Lagesen K, Hallin P, R? dland E A, et al. RNAmmer: consistent and rapid annotation of ribosomal RNA genes[J]. Nucleic acids research, 2007, 35(9): 3100-3108.

[18] Griffiths-Jones S, Moxon S, Marshall M, et al. Rfam: annotating non-coding RNAs in complete genomes[J]. Nucleic acids research, 2005, 33(S1): D121-D124.

[19] Tatusov R L, Fedorova N D, Jackson J D, et al. The COG database: an updated version includes eukaryotes[J]. BMC bioinformatics, 2003, 4(1): 41.

[20] Zdobnov E M, Apweiler R. InterProScan-an integration platform for the signature-recognition methods in InterPro[J]. Bioinformatics, 2001, 17(9): 847-848.

[21] Ashburner M, Ball C A, Blake J A, et al. Gene Ontology: tool for the unification of biology[J]. Nature genetics, 2000, 25(1): 25.

[22] Kanehisa M, Goto S, Sato Y, et al. KEGG for integration and interpretation of large-scale molecular data sets[J]. Nucleic acids research, 2011, 40(D1): D109-D114.

第3章 潜在新物种多相分类鉴定

采用纯培养的方法从烤烟 K326 及五种间作模式下烤烟植物中分离到大量的微生物类群。对于原核微生物,进行 16S rRNA 基因序列比对,对于相似度 ≤ 98.5%的类群进行形态学检测、生理生化特征检测、化学鉴定、分子分析等多相分类鉴定,综合判定微生物的进化地位,进而判定该菌株是否为新的分类单元,对其进行科学的命名。以便在科学研究中对菌株进行正确的描述,菌株交流和菌株相关酶活、特性等的进一步研究。

3.1 实验材料

分离自烤烟 K326 及五种间作模式下植物内生菌潜在新物种,同时具有一定的酶活及生物学特性的微生物（YIM 2047D、YIM 2047X^T、YIM 2617^T、YIM 2617-2、YIM 2755^T、YIM 7505T、YIM 75677^T、YIM 75926^T、YIM 016^T）。YIM 是云南省微生物研究所（Yunnan Institute of Microbiology）的缩写,所有新物种都保存在该所的菌种资源库中。（菌号中的 T 代表种级分类单元中的标准菌株）。

3.2 实验方法

多相分类的方法参考第 2 章的多相分类法、相关标准及文献,针对不同菌株做适当调整,详细步骤如下。

3.3 结果与分析

3.3.1 菌株 YIM 2047D^T 和 YIM 2047X 的多相分类鉴定

3.3.1.1 YIM 2047D^T 和 YIM 2047X 的多相分类结果

YIM 2047D^T 和 YIM 2047X 分离自烤烟植物内,分别从形态分析、分子进化、生理生化分析、化学分类等方面进行实验验证。

1. 菌株形态特征观察

菌株的表型特征主要采用扫描电镜的方法,选取在 TSA 培养基上生长 5 d 的菌株,制作菌悬液,用光学显微镜（Philips XL30）和扫描电镜（ESEM-TMP）对其进行了形态学表征。革兰氏染色采用 3% KOH 非染色法,取新鲜菌体,滴加两滴 3% 的 KOH 溶液于菌体之上,1 分钟之后,用竹签挑取菌体,若有黏丝状则判定为革兰氏阴性,若无则记录为革兰氏阳性。细胞的运动性是通过在含有半固态介质（0.6%琼脂）的试管中接种菌株,37℃培养 3 天,观察菌株周边培养基中是否产生浑浊现象。

2.菌株生长范围及测定

接种菌株于 TSA 培养基上,分别设定 4 ℃、15 ℃、20 ℃、28 ℃、30 ℃、32 ℃、37 ℃、42 ℃、45 ℃ 和 50 ℃培养条件,培养 5 d,观察在不同温度条件下,菌株的生长情况,判断菌株的生长温度范围。配制 0~10% NaCl(w/v)(间隔 0.5%单位,0%、0.5%、1%、1.5%、2%、2.5%、3%、3.5%、4%、4.5%、5%、5.5%、6%、6.5%、7%、7.5%、8%、8.5%、9%、9.5%、10%)的 TSA 培养基,接种菌株于以上培养基上,37 ℃培养 5 d,观察菌株生长情况,以判断菌株 NaCl 浓度的耐受范围。首先配制不同 pH 梯度范围的缓冲体积(pH 4.0~5.0：0.1 M 柠檬酸/0.1 M 柠檬酸钠;pH 6.0~8.0：0.1 M KH_2PO_4/0.1 M NaOH;pH9.0~10.0：0.1 M $NaHCO_3$/0.1 M Na_2CO_3),分别添加至 Tryptose Soy Broth(TSB,Difco)液体培养基中,115 ℃灭菌 20 min,分别选用 HCl、NaOH 调节 pH 分别为：4.0、4.5、5.0、5.5、6.0、6.5、7.0、7.5、8.0、8.5、9.0、9.5、10.0 的 TSA 液体培养基,无菌分装于 10 mL 螺口试管中;将测试菌株制成菌悬液,分别加入 50 μL 菌悬液于不同 pH 的液体培养基中,37 ℃条件下培养 5 d,观察菌株的生长情况,用以判断菌株的 pH 范围生长。

3.酶活测定

1)水解酶实验

淀粉酶酶活检测培养基：可溶性淀粉 10 g,葡萄糖 0.5 g,磷酸二氢钾 0.5 g,氯化钠 0.5 g,硝酸钾 1 g,微量盐 1 mL,琼脂粉 15 g,蒸馏水 1 000 mL,pH 自然。

纤维素酶活检测培养基：羟甲基纤维素钠 2 g,葡萄糖 0.5 g,磷酸二氢钾 0.5 g,氯化钠 0.5 g,硝酸钾 1 g,微量盐 1 mL,琼脂粉 15 g,蒸馏水 1 000 mL,pH 自然。(羟甲基纤维素钠水浴加热溶解之后加入至培养基)

蛋白酶酶活检测培养基：脱脂牛奶 5 g,葡萄糖 0.5 g,磷酸二氢钾 0.5 g,氯化钠 0.5 g,硝酸钾 1 g,微量盐 1 mL,琼脂粉 15 g,蒸馏水 1 000 mL,pH 自然。(牛奶 105 ℃分开灭菌,倒板时混匀)

酯酶酶活检测培养基：吐温(20、40、60、80)10 g(与培养基分开灭菌,待培养基冷却至 60 ℃时,均匀混合后倒在平板上),葡萄糖 0.5 g,磷酸二氢钾 0.5 g,氯化钠 0.5 g,硝酸钾 1 g,微量盐 1 mL,琼脂粉 15 g,蒸馏水 1 000 mL,pH 自然。

微量盐：硫酸铁 2 g,硫酸锰 1 g,硫酸锌 1 g,硫酸铜 1 g,蒸馏水 100 mL,pH 自然。

采用点植法,分别接种于淀粉酶、蛋白酶、酯酶活检测平板中,37 ℃培养箱 3~4 d,采用碘液染色,观察菌株周边透明圈有无及大小判断产淀粉酶特性;观察菌落周边透明圈有无及大小,判断产蛋白酶特性;采用观察菌株周边有无晕圈及晕圈大小判断产酯酶特性。

2)其他酶活检测

取新鲜菌体与滤纸上,将氧化酶试剂(梅里埃,德国)滴加至菌体上,30 s 内观察菌株的颜色是否有紫色出现,若出现紫色,记录为氧化酶阳性,若为原有菌株颜色则记录为氧化酶阴性。取新鲜菌体与玻璃平板上,将 3%(V/V) H_2O_2 试剂滴加至菌体上,若迅速有气泡产生则记录为过氧化氢酶阳性,若无气泡产生则记录为过氧化氢酶阴性。

3)抗生素耐受实验

抗生素耐受实验主要选用药敏片平板检测方法。待测菌株制作菌悬液,吸取 200 μL 菌悬液涂布于 TSA 培养基上,将待测药敏片贴于平板中央,37 ℃培养 5 d,观察药敏片周边是否存在抑菌圈,若有则说明菌株对该待测药敏片敏感,抑菌圈大小决定菌株对该待测菌株的敏感程度,若无抑菌圈则说明菌株对该待测药敏片不敏感。药敏片种类有:阿米卡星(Amikacin,30 μg)、头孢呋辛钠(Cefuroxime sodium,30 μg)、氯霉素(Chloramphenicol,30 μg)、环丙沙星(Ciprofloxacin,5 μg)、红霉素(Erythromycin,15 μg)、四环素(Tetracycline30 μg)、万古霉素(Vancomycin,30 μg)、庆大霉素(Gentamicin,10 μg)、多粘菌素B(Polymyxin B,300 IU);对乙氢去甲奎宁(Ethylhydrocupreine,5 μg)、诺氟沙星(Norfloxacin,10 μg)、新生霉素(Novobiocin,30 μg)、奥西林(Oxacillin,1 μg)、青霉素(Penicillin,10 IU)、哌拉西林(Piperacillin,100 μg)和联磺甲氧苄啶(Sulfamethoxazode/Trimethoprim,23.75/1.25 μg)不敏感。

4) API 试剂条检测

API 试剂条是由法国梅里埃公司所制造的,其引用了美国 FDA 细菌鉴定标准与欧洲药典的细菌鉴定标准,把非常复杂的生化反应过程做成轻巧便捷的小小试剂条。制造出了一套简易、快捷、科学的鉴定系统。目前已经广泛用于医疗、工业的微生物鉴定研究中。

本实验鉴定间作模式植物内生菌所用的试剂有 API 20NE 非发酵菌鉴定加上 API 20E 重合比对试剂条相同底物的小杯来增加实验的准确性,提高可信度;API 50CH 芽孢杆菌/乳酸杆菌探究研究菌株能发酵产酸的底物,这是一个变相的迷你的小型发酵实验,缩短了正常实验周期;API ZYM 半微量酶活鉴定可简单快速测定菌株与梅里埃公司设计的 20 种酶是否发生反应。待测菌株制作成菌悬液,与 API 50CH 专用产酸检测培养基混合均匀,分别添加至 API 50CH 待测小槽中,37 ℃培养 4 d 后,观察颜色是否发生变化,若培养基颜色由红色变成黄色或者橙黄色,则表明菌株不能够利用相应底物产酸,若培养基颜色依旧为红色,则表明菌株能够利用相应底物且能够产酸,但不能说明菌株是否会利用相应的底物。添加生理盐水(0.8%)菌悬液及 API 20NE 专用培养基混合菌悬液于 API 20NE 试剂条的小槽内,37 ℃培养 4 d 后,添加相关试剂及观察培养基混合液是否澄清来判断菌株的酶活代谢特征及菌株利用底物生长情况。生理盐水(0.8%)混合菌悬液添加至 API ZYM 试剂条小杯中,37 ℃培养 24 h 或者 48 h,加入相关试剂,观察试剂条的颜色变化来判断菌株的酶活特征。

(1)扫描电镜观察。

选用 ISP4 培养基 28 ℃培养 14 d,取埋片进行扫描电镜照相。图 3-1 为两株菌的扫描电镜照片。

(2)16S rRNA 基因提取及测序分析。

取菌体 0.05 g,添加 15% NaCl 冲洗菌体 2 次,加入 TE 500 μL,置−20 ℃和 60 ℃反复冻融 3 次;加入 20% SDS 50 μL,55 ℃水浴处理 30 min,加入 10 μL 蛋白酶 PK(20 μg/mL) 55 ℃水浴处理 30 min;加入等体积苯酚:氯仿:异戊醇(25:24:1),充分震荡混匀,10 000 r/pm 4 ℃离心 10 min,吸取上清,重复抽提 2 次;加入 20 μL RNase A,37 ℃摇床震荡 1 h,加入等体积苯酚:氯仿:异戊醇(25:24:1),充分振荡混匀,10 000 r/pm 4 ℃离心 10 min,吸取上清,重复抽提 2 次;加入等体积的氯仿:异戊醇(24:1)抽提一次,10 000 r/pm 离心 4 ℃10 min,将上清转移至离心管中,加入等体积的异戊醇(−20 ℃预冷),于−20 ℃条件下过夜;10 000 r/pm 4 ℃离心 10 min,加 70%乙醇轻摇洗盐,10 000 r/pm 4 ℃

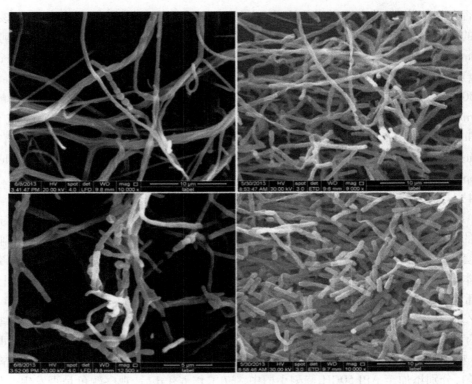

图 3-1 菌株 YIM 2047^T 及 YIM 2047X 扫描电镜照片

离心 5 min,弃乙醇;45 ℃ 干燥,加 50 μL 无菌水溶解,−80 ℃ 保藏备用。细菌选用引物(27F:5′-AGTTTGATCMTGGCTCAG-3′,1492R:5′-GGTTACCTTGTTACGACTT-3′)进行 16S rRNA 基因 PCR 扩增。扩增体系为 2×Taq PCR StarMix(康润生物),10 μL;引物,1 μL;模板 DNA,1 μL;去离子水,7 μL。具体反应条件为 94 ℃ 预变性 5 min,94 ℃ 30 s,55 ℃ 30 s,72 ℃ 延伸 30 s,循环 32 次。古菌用选用 P1:5′-ATTCCGGTTGATCCTGCCGGA-3′,P$_2$:5′-AGGAGGTGATCCAGCCGCAG-3′ 进行 16S rRNA 基因扩增。扩增体系:25 μLPCR Mix(2×Premix)(TaKaRa),1 μL P$_1$ 引物,1 μL P$_2$ 引物,1.5 μL DNA 模板,无菌水 21.5 μL。PCR 扩增条件为:95 ℃ 4min;95 ℃ 1 min;56 ℃ 30 s;72 ℃ 45 s;32 个循环;72 ℃ 10 min。真菌选用扩增序列送上海生物工程有限公司进行克隆测序分析,根据 16S rRNA 基因序列信息,通过 EzBioCloud(http://www.ezbiocloud.net/)进行序列比对,分析纯培养菌株的系统进化关系。对于 16S rRNA 基因克隆序列小于 98.5% 的菌株,作为潜在新物种,从 NCBI 数据库下载相近序列,利用 MEG 5.0,构建 NJ(Neighbour joining)、MP(Maximum parsimony)、ML(Maximum likelihood)系统发育树,对菌株进化地位进行判断。选用真菌 18S rRNA 基因引物(NS1:5′-GTAGTCATATGCTTGTCTC-3′,NS6:5′-GCATCACAGACCT-GTTATTGCCTC-3′)进行 PCR 扩增。扩增体系为 2×Taq PCR StarMix(康润生物),10 μL;引物,1 μL;模板 DNA,1 μL;去离子水,7 μL。具体反应条件为 94 ℃ 预变性 5 min,94 ℃ 30 s,54~57 ℃ 30 s,72 ℃ 延伸 30 s,循环 30 次。将 PCR 产物送上海生物工程(上海)股份有限公司进行 18S rRNA 基因克隆测序。根据 18S rRNA 基因序列信息,选用 NCBI (https://blast.ncbi.nlm.nih.gov)进行序列比对,分析菌株分类地位。从 NCBI 数据库下载相近序列,利用 MEG 5.0 构建 N-J(Neighbour joining)系统发育树,结合菌株形态特征,判断菌株进化地位。细菌菌采用20%牛奶及30%甘油对菌株进行保藏,牛奶管于4 ℃、甘油管于-80 ℃保存;嗜盐古菌采用20%牛奶(5%NaCl)及30%甘油(15%NaCl)对菌株进行保藏,牛奶管于4 ℃、甘油管于-80 ℃保存,科学构建菌种资源库,完善菌株信息(采样信息、分离信息及菌株 16S rRNA 比对信息),科学构建嗜盐古菌资源库。真菌挑取不同纯化菌株,转接到 PDA 固体斜面上37 ℃培养3 d,待长出菌落后采用液体石蜡法置于4 ℃保藏。挑取不同纯化菌株,转接到 PDA 固体平板上,37 ℃培养3 d,待长出菌落后采用甘油管保藏法于-80 ℃低温冰箱中保存;完善菌株信息(采样信息、分离信息及菌株 18S rRNA基因比对信息)。

结合细胞形态特征、生理生化性质(温度实验、NaCl 耐受、Mg^{2+}耐受范围、pH 生长范围、单一碳/氮源利用、厌氧条件下电子受体利用、抗生素敏感性、酶学特性)、化学指标(磷脂、糖脂类型分析)、分子指标(16S rRNA 基因和 rpoB′基因系统进化树构建、G+C%含量、DNA-DNA 杂交值等)对潜在新物种进行鉴定,确定其分类地位;对菌株进行科学命名。

构建 16S rRNA 基因生物进化树。

YIM 2047X[T],YIM 2047D 与 *Umezawaea tangerina* MK27-91F2[T](AB020031) 16S rRNA 基因相似性为98.1%,YIM 2047X[T]的 16S rRNA 序列为:

```
   1 gcccttcaga gtttgatcct ggctcaggac gaacgctggc ggcgtgctta acacatgcaa
  61 gtcgggcggt aaggccctgc ggggtacacg agcggcgaac gggtgagtaa cacgtgggta
 121 acctgccctg tactctggga taagcctggg aaactaggtc taataccgga tatgacatct
 181 catcgcatgg tggggtgtgg aaagttccgg cggtacagga tggacccgcg gcctatcagc
 241 ttgttggtgg ggtaatggcc taccaaggcg acgacgggta gccggcctga gagggcgacc
 301 ggccacactg ggactgagac acggcccaga ctcctacggg aggcagcagt ggggaatatt
 361 gcacaatggg cgaaagcctg atgcagcgac gccgcgtgag ggatgacggc cttcgggttg
 421 taaacctctt tcagtaggga cgaaacgcga gtgacggtac ctacagaaga agcaccggct
 481 aactacgtgc cagcagccgc ggtaatacgt agggtgcgag cgttgtccgg aattattggg
 541 cgtaaagagc tcgtaggcgg tttgttgcgt cggctgtgaa aacctacagc ttaactgtgg
 601 gcctgcagtc gatacgggca gacttgagtt cggcagggga gactggaatt cctggtgtag
 661 cggtgaaatg cgcagatatc aggaggaaca ccggtggcga aggcgggtct ctgggccgat
 721 actgacgctg aggagcgaaa gcgtggggag cgaacaggat tagataccct ggtagtccac
 781 gccgtaaacg gtgggtgcta ggtgtggggg acttccacgt cctccgtgcc gcagctaacg
 841 cattaagcac cccgcctggg gagtacggcc gcaaggctaa aactcaaagg aattgacggg
 901 ggcccgcaca agcggcggag catgtggatt aattcgatgc aacgcgaaga accttacctg
 961 ggcttgacat acatcggaaa catccagaga tgggtgcccc gcaaggtcgg tgtacaggtg
1021 gtgcatggct gtcgtcagct cgtgtcgtga gatgttgggt taagtcccgc aacgagcgca
1081 accctcgttc catgtcgcca gcgcgttatg gcggggactc atgggagact gccggggtca
1141 actcggagga aggtggggat gacgtcaagt catcatgccc cttgtgtcca gggcttcaca
1201 catgctacaa tggccggtac aaagggctgc taagccgcga ggtggagcga atcccataaa
```

1261 gccggtctca gttcggatcg gggtctgcaa ctcgacccg tgaagtcgga gtcgctagta
1321 atcgcagatc agcaacgctg cggtgaatac gttcccgggc cttgtacaca ccgcccgtca
1381 cgtcacgaaa gtcggtaaca cccgaagccc gtggcccaac ccgcaagggg gggagcgtc
1441 gaaggtggga ctggcgattg ggacgaagtc gtaacaaggt agccgtaccg gaaggtgcgg
1501 ctggatcacc

YIM 2047D 的 16S rRNA 序列为：

1 gcccttcaga gtttgatcct ggctcaggac gaacgctggc ggcgtgctta acacatgcaa
61 gtcgagcggt aaggcccttc ggggtacacg agcggcgaac gggtgagtaa cacgtgggta
121 acctgccctg tactctggga taagcctggg aaactaggtc tataccgga tatgacatct
181 catcgcatgg tggggtgtgg aaagttccgg cggtacagga tggacccgcg gcctatcagc
241 ttgttggtgg ggtaatggcc taccaaggcg acgacgggta gccggcctga gagggcgacc
301 ggccacactg ggactgagac acggcccaga ctcctacggg aggcagcagt ggggaatatt
361 gcacaatggg cgaaagcctg atgcagcgac gccgcgtgag ggatgacggc cttcgggttg
421 taaacctctt tcagtaggga cgaagcgcga gtgacggtac ctacagaaga agcaccggct
481 aactacgtgc cagcagccgc ggtaatacgt agggtgcgag cgttgtccgg aattattggg
541 cgtaaagagc tcgtaggcgg tttgttgcgt cggctgtgaa aacctacagc ttaactgtgg
601 gcctgcagtc gatacggggca gacttgagtt cggcagggga gactggaatt cctggtgtag
661 cggtgaaatg cgcagatatc aggaggaaca ccggtggcga aggcgggtct ctgggccgat
721 actgacgctg aggagcgaaa gcgtggggag cgaacaggat tagataccct ggtagtccac
781 gccgtaaacg gtgggtgcta ggtgtggggg acttccacgt cctccgtgcc gcagctaacg
841 cattaagcac cccgcctggg gagtacggcc gcaaggctaa aactcaaagg aattgacggg
901 ggcccgcaca agcggcggag catgtggatt aattcgatgc aacgcgaaga accttacctg
961 ggcttgacat acatcggaaa catccagaga tgggtgcccc gcaaggtcgg tgtacaggtg
1021 gtgcatggct gtcgtcagct cgtgtcgtga gatgttgggt taagtcccgc aacgagcgca
1081 accctcgttc catgttgcca gcgcgttatg gcggggactc atgggagact gccggggtca
1141 actcggagga aggtggggat gacgtcaagt catcatgccc cttatgtcca gggcttcaca
1201 catgctacaa tggccggtac aaagggctgc taagccgcga ggtggagcga atcccataaa
1261 gccggtctca gttcggatcg gggtctgcaa ctcgacccg tgaagtcgga gtcgctagta
1321 atcgcagatc agcaacgctg cggtgaatac gttcccgggc cttgtacaca ccgcccgtca
1381 cgtcacgaaa gtcggtaaca cccgaagccc gtggcccaac ccgcaagggg gggagcgtc
1441 gaaggtggga ctggcgattg ggacgaagtc gtaacaaggt agccgtaccg gaaggtgcgg
1501 ctggatcacc

在 NJ 树中距离最近，属于 *Umezawaea* 属的分支中。从树中可以看出这两株菌属于 *Umezawaea* 属的一个新种。采用 Mega5.0 进行 16S rRNA 基因生物进化树，如图 3-2 所示。

(3) 生理生化特征。

分别采用经典方法对 YIM 2047X^T 和 YIM 2047D 进行温度、pH 生长范围、不同底物酶活性质、碳氮源利用等进行实验检测。部分结果如表 3-1 所示。

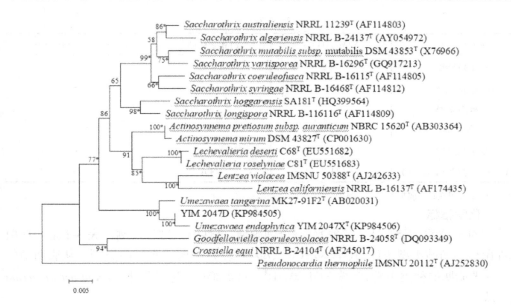

图 3-2 菌株 YIM 2047X^T，YIM 2047D 16S rRNA 基因序列 NJ 系统进化树

表 3-1 菌株 YIM 2047D，YIM 2047X^T 以及 *Umezawaea tangerina* 生理生化特征的比较

实验内容	YIM 2047D	YIM 2047X^T	*Umezawaea tangerina*
牛奶凝固	+	+	+
牛奶胨化	W	W	W
硝酸盐还原	+	+	−
酶学试验			
酪蛋白水解酶	+	+	+
明胶水解酶	+	+	+
淀粉	+	+	
吐温 20	+	+	+
吐温 40	+	+	+
吐温 60	+	+	+
吐温 80	−	−	+
温度实验（℃）	15~40	15~40	15~40
盐浓度实验（% w/v）	0~4.5	0~4.5	0~4.5
pH	6~8	6~8	6~8
碳源利用实验			
D-半乳糖	−	−	+
D(+)-海藻糖	−	−	+
麦芽糖	+	+	−
氮源利用实验			

续表 3-1

实验内容	YIM 2047D	YIM 2047X^T	Umezawaea tangerina
L-丙氨酸	+	+	-
L-异亮氨酸	+	+	-
L-苯丙氨酸	+	+	-
L-丝氨酸	+	+	-
L-缬氨酸	+	+	-
DNA G+C 含量（mol %）	74.2	73.4	74

注：+，阳性；-，阴性；W，弱阳性。

3.3.1.2 化学指标

分别对脂肪酸、醌型、细胞壁氨基酸、全细胞糖、极性酯等进行检测。表 3-2 是两株菌与标准菌株脂肪酸类型统计，其中 $iso\text{-}C_{16:0}$、$iso\text{-}C_{15:0}$ 为主要的脂肪酸类型。从脂肪酸的类型及主要脂肪酸种类来看，菌株 YIM 2047D^T、YIM 2047X 与标菌株 Umezawaea tangerina 变化一致。

表 3-2 菌株 YIM 2047D^T，YIM 2047X 及 U. Tangerina 的脂肪酸含量(%)

脂肪酸类型	YIM 2047D	YIM 2047X^T	Umezawaea tangerina
$iso\text{-}C_{13:0}$	0.6	0.6	—
$iso\text{-}C_{14:0}$	6.4	6.5	7.0
$C_{14:0}$	—	1.5	0.9
$iso\text{-}C_{15:0}$	13.1	13.3	12.7
$anteiso\text{-}C_{15:0}$	6.3	6.2	8.2
$C_{15:1}\omega 6c$	3.6	3.5	—
$iso\text{-}C_{16:1}H$	1.8	1.7	2.1
$iso\text{-}C_{16:0}$	30.1	28.2	39.2
$C_{16:0}$	8.4	9.1	11.3
$iso\text{-}C_{17:0}$	0.8	0.9	0.8
$anteiso\text{-}C_{17:0}$	3.5	3.4	5.5
$C_{17:1}\omega 8c$	5.9	6.2	1.1
$C_{17:1}\omega 6c$	1.8	1.9	1.2
$C_{17:0}$	6.2	5.9	2.2
$C_{18:0}$	0.6	0.6	0.7
Summed Feature 3	7.2	8.6	5.6
Summed Feature 9	—	—	1.6

注：* 表示微生物脂肪鉴定系统中无法分离的 2～3 种脂肪酸的概括特征；概括特征 3 包括 C16:1 w7c/C16:1 w6c 和/或 C16:1 w6c/C16:1 w7c；概括特征 9 包括 C17:1 iso w9c 和/或 C16:0 10-methyl；—，未检测到或<0.5%。

图 3-3 是 YIM 2047D^T 和 YIM 2047X 的醌型检测结果，通过在高效液相色谱中的保留时间可以分析得出 YIM 2047D^T 和 YIM 2047X 的醌型主要为 MK-9(H4)。

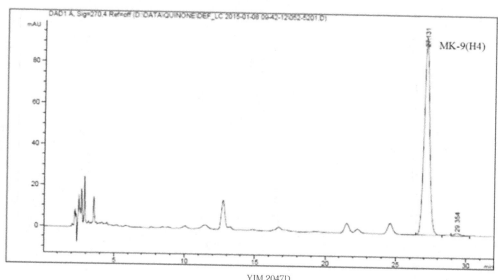

图 3-3　YIM 2047D^T 和 YIM 2047X 的醌型

图 3-4 是 YIM 2047D^T 和 YIM 2047X 的全细胞糖检测结果,通过在高效液相色谱中的保留时间与糖标样相比较分析得出 YIM 2047D^T 和 YIM 2047X 的全细胞糖主要为半乳糖、甘露糖、核糖、鼠李糖。

通过不同显色试剂显色分析得出 YIM 2047D^T 和 YIM 2047X 的极性酯成分,图 3-5 是 YIM 2047D^T 和 YIM 2047X 的极性酯检测结果。极性脂的类型包括 DPG、PE、PME、PL、PI、PIM。

通过形态、生理生化特性、分子进化分析、化学指标检测等四方面进行鉴定,YIM 2047D^T、YIM 2047X 为属的新种,命名为:*Umezawaea endophytica*。

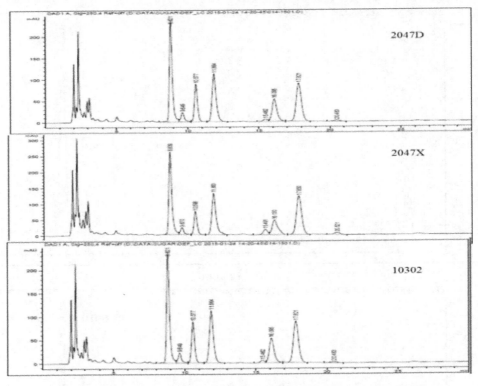

图 3-4 YIM 2047D^T、YIM 2047X 和标准菌株 *Umezawaea tangerina* 的糖型

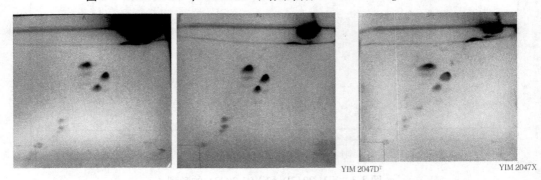

注:TLC 二相展开,120 ℃加热 15 min 后磷钼酸盐显色) 简称:DPG,双磷脂酰甘油;PE,磷脂酰乙醇胺;
PME,phosphatidylmenthl ethanolamine.PL,未定型磷脂;PI,磷脂酰肌醇;PIM,磷脂酰肌醇甘露糖苷。

图 3-5 YIM 2047D^T、YIM 2047X 以及 *Umezawaea tangerina* 的极性脂

菌株为革兰氏染色阳性,无鞭毛,不具有运动性,不规则球菌,直径为 0.6~0.8 μm。好氧生长,可在 pH 5.0~8.0 时生长,最适 pH 7.0;生长温度范围 20~45 ℃,最适生长温度 28~35 ℃;NaCl 耐受范围在 0~7.0% (w/v),最适 NaCl 生长浓度为 0~3.0 %。细胞氧化酶阳性,过氧化氢酶活性呈阴性,H$_2$S 和吲哚产生试验呈阴性。能够将硝酸盐转化为亚硝酸盐。可以水解利用吐温 20、吐温 40、吐温 60 和吐温 80,即有酯酶活性;但不能水解淀粉、酪蛋白,即没有淀粉酶及酪蛋白酶活性。菌株对阿米卡星(amikacin,30 μg)、头孢呋辛钠(cefuroxime sodium,30 μg)、氯霉素(chloramphenicol,30 μg)、环丙沙星(ciprofloxacin,

5 μg)、红霉素(erythromycin,15 μg)、四环素(tetracycline,30 μg)、万古霉素(vancomycin,30 μg)、庆大霉素(gentamicin,10 μg)、多粘菌素 B(polymyxin B,300IU)敏感;对乙氢去甲奎宁(ethylhydrocupreine,5 μg)、诺氟沙星(norfloxacin,10 μg)、新生霉素(novobiocin,30 μg)、奥西林(oxacillin,1 μg)、青霉素(penicillin,10IU)、哌拉西林(piperacillin,100 μg)和联磺甲氧苄啶(sulfamethoxazode/trimethoprim,23.75/1.25 μg)不敏感。菌株可以利用 D-阿拉伯糖(D-arabinose)、精氨酸(arginine)、纤维二糖(cellobiose)、D-果糖(D-fructose)、D-葡萄糖(D-glucose)、L-谷氨酸(L-glutamic acid)、甘油(glycerol)、麦芽糖(maltose)、D-甘露糖(D-mannose)、D-甘露醇(D-mannitol)、L-鼠李糖(L-rhamnose)、L-丝氨酸(L-serine)、D-蔗糖(D-sucrose)和 D-海藻糖(D-trehalose)作为唯一的碳源或氮源;不能够利用 D-阿拉伯醇(D-arabitol)、D-岩藻糖(D-fucose)、乳糖(lactose)、D-核糖(D-ribose)、木糖(xylose)作为唯一的碳源或氮源。

在 API ZYM 体系中,呈阳性的有碱性磷酸酶(alkaline phosphatase)、酯酶(esterase C4)、酯酶脂肪酶(esterase lipase C8)、亮氨酸芳基胺酶(leucine arylamidase)、缬氨酸芳基胺酶(valine arylamidase)、胱氨酸芳基胺酶(cystine arylamidase)、酸性磷酸酶(acid phosphatase)、萘酚-AS-BI-磷酸水解酶(naphthol-AS-BI-phosphohydrolase)和 β-半乳糖甙酶(β-mannosidase);呈阴性的有胰蛋白酶(trypsin)、糜蛋白酶(a-chymotrypsin)、α-糖苷酶(α-glucosidase)和 β-葡萄糖苷酶(β-glucosidase)、脂肪酶(lipase C14)、α-半乳糖苷酶(a-galactosidase)、β-半乳糖苷酶(β-galactosidase)、β-糖醛酸甙酶(β-glucuronidase)、N-乙酰-葡萄糖胺酶(N-acetyl-β-glucosaminidase)、α-半乳糖甙酶(α-mannosidase)。

在 API 20NE 体系中,实验结果呈阳性的有:硝酸盐还原实验(reduction of nitrate)、精氨酸水解酶(arginine dihydrolase)、脲酶(urease)、七叶树素水解实验(hydrolysis of aesculin)、明胶水解实验(hydrolysis of aesculin)、半乳糖苷酶(galactosidase);同化利用同化 d-葡萄糖(D-glucose)、l-阿拉伯糖(L-arabinose)、d-甘露糖(D-mannose)、d-甘露醇(D-mannitol)、N-乙酰氨基葡萄糖(N-acetylglucosamine)、麦芽糖(maltose)、葡萄糖酸钾(potassium gluconate)、己二酸(adipic acid)、苹果酸(malic acid)、柠檬酸三钠(trisodium citrate)和苯乙酸(phenylacetic acid)。

在 API 50 CHB 体系中,能利用以下碳源底物产酸:N-乙酰-葡糖胺(N-acetyl-N-glucosamine adonitol)、七叶灵(aesculi)、DL-阿拉伯糖(DL-arabinose)、D-纤维二糖(D-cellobiose)、D-果糖(D-fructose)、D-葡萄糖(D-glucose)、甘油(glycerol)、5-酮基-葡萄糖酸盐(5-ketogluconate)、D-木糖(D-lyxose)、D-甘露醇(D-mannitol)、L-鼠李糖(L-rhamnose)、D-蔗糖(D-sucrose)、D-海藻糖(D-trehalose)、D-松二糖(D-turanose)、D-熊果甙(D-arbutin);不能利用以下碳源作为底物产酸:龙胆二糖(gentiobiose)、肝糖(glycogen)、麦芽糖(maltose)、D-甘露糖(D-mannose)、α-甲基-D-葡萄糖甙(methyl a-D-glucopyranoside salicin)、淀粉(starch)、苦杏仁甙(amygdalin)、DL-阿拉伯糖醇(DL-arabitol)、DL-半乳糖醇(DL-dulcitol)、DL-半乳糖(D-galactose)、赤藓糖醇(erythritol)、葡萄糖酸盐(gluconate)、肌醇(inositol)、菊糖(inulin)、2-酮基-葡萄糖酸盐(2-ketogluconate)、乳糖(lactose)、α-甲基-D-甘露糖甙(methyl a-D-mannopyranoside)、蜜二糖(melibiose)、β-甲基-D-木糖甙(methyl b-D-xylopyranoside)、棉子糖(raffinose)、D-核糖(D-ribose)、山梨

醇(sorbitol)、L-山梨醇(L-sorbose)、D-塔格糖(D-tagatose)、木糖醇(xylitol)。细胞肽聚糖层含有丝氨酸、丙氨酸、甘氨酸、谷氨酸、赖氨酸。醌型主要以MK-8(H4)为主。主要的脂肪酸是anteiso-C15:0。极性脂质组成双磷脂酰甘油(diphosphatidylglycerol),磷脂酰甘油(phosphatidylglycerol),7个未知极性磷脂类,4个未知糖脂,1个未知含氨基极性酯和1个含氨基磷酸。典型菌株YIM 2047D^T,自烤烟植物根部。属于植物内生菌。DNA G+C含量为66.67 mol %。菌株YIM 2047D^T,YIM 2047X属于 *Umezawaea* 属的新种分类单元。

3.3.2 菌株YIM 2617^{T}和YIM 2617-2的多相分类鉴定

YIM 2617^{T}和YIM 2617-2分离自甜罗勒植物根内,分别从形态分析、分子进化、生理生化分析、化学分类等方面进行试验验证。

3.3.2.1 菌株形态特征观察

离株的表型特征主要采用扫描电镜的方法,选取在TSA培养基上生长5 d的菌株,制作菌悬液,用光学显微镜(Philips XL30)和扫描电镜(ESEM-TMP)对其进行了形态学表征。革兰氏染色采用3% KOH非染色法,取新鲜菌体,滴加两滴3%的KOH溶液于菌体之上,1分钟之后,用竹签挑取菌体,若有黏丝状则判定为革兰氏阴性,若无则记录为革兰氏阳性。细胞的运动性是通过在含有半固态介质(0.6%琼脂)的试管中接种菌株,37 ℃培养3 d,观察菌株周边培养基中是否产生浑浊现象。

3.3.2.2 菌株生长范围及测定

接种菌株于TSA培养基上,分别设定4 ℃、15 ℃、20 ℃、28 ℃、30 ℃、32 ℃、37 ℃、42 ℃、45 ℃和50 ℃培养条件,培养5 d,观察在不同温度条件下菌株的生长情况,判断菌株的生长温度范围。配制0~10% NaCl(w/v)(间隔0.5 %单位,0%、0.5%、1%、1.5%、2%、2.5%、3%、3.5%、4%、4.5%、5%、5.5%、6%、6.5%、7%、7.5%、8%、8.5%、9%、9.5%、10%)的TSA培养基,接种菌株与以上培养基上,37 ℃培养5 d,观察菌株生长情况,以判断菌株NaCl浓度的耐受范围。首先配制不同pH梯度范围的缓冲体积(pH 4.0~5.0:0.1 M 柠檬酸/0.1 M 柠檬酸钠;pH 6.0~8.0:0.1 M KH$_2$PO$_4$/0.1 M NaOH;pH 9.0~10.0:0.1 M NaHCO$_3$/0.1 M Na$_2$CO$_3$),分别添加至Tryptose Soy Broth(TSB,Difco)液体培养基中,115 ℃灭菌20 min,分别选用HCl、NaOH调节pH为:4.0、4.5、5.0、5.5、6.0、6.5、7.0、7.5、8.0、8.5、9.0、9.5、10.0的TSA液体培养基,无菌分装于10 ml螺口试管中;将测试菌株制成菌悬液,分别加入50 μL菌悬液于不同pH的液体培养基中,37 ℃条件下培养5 d,观察菌株的生长情况,用以判断菌株的pH范围生长。

3.3.2.3 酶活测定

1.水解酶实验

淀粉酶酶活检测培养基:可溶性淀粉10 g,葡萄糖0.5 g,磷酸二氢钾0.5 g,氯化钠0.5 g,硝酸钾1 g,微量盐1 mL,琼脂粉15 g,蒸馏水1 000 mL,pH自然。

纤维素酶活检测培养基:羟甲基纤维素钠2 g,葡萄糖0.5 g,磷酸二氢钾0.5 g,氯化钠0.5 g,硝酸钾1 g,微量盐1 mL,琼脂粉15 g,蒸馏水1 000 mL,pH自然。(羟甲基纤维素钠水浴加热溶解之后加入至培养基)

蛋白酶酶活检测培养基:脱脂牛奶5 g,葡萄糖0.5 g,磷酸二氢钾0.5 g,氯化钠0.5 g,

硝酸钾 1 g,微量盐 1 mL,琼脂粉 15g,蒸馏水 1 000 mL,pH 自然。(牛奶 105 ℃分开灭菌,倒板时混匀)

酯酶酶活检测培养基:吐温(20、40、60、80)10 g(与培养基分开灭菌,待培养基冷确至 60 ℃时,均匀混合倒平板)、葡萄糖 0.5 g,磷酸二氢钾 0.5 g,氯化钠 0.5 g,硝酸钾 1 g,微量盐 1 mL,琼脂粉 15 g,蒸馏水 1 000 mL,pH 自然。

微量盐:硫酸铁 2 g,硫酸锰 1 g,硫酸锌 1 g,硫酸铜 1 g,蒸馏水 100 mL,pH 自然。

2. 其他酶活检测

取新鲜菌体与滤纸上,将氧化酶试剂(梅里埃,德国)滴加至菌体上,30 s 内观察菌株的颜色是否有紫色出现,若出现紫色记录为氧化酶阳性,若为原有菌株颜色则记录为氧化酶阴性。取新鲜菌体与玻璃平板上,将 3%(V/V) H_2O_2 试剂滴加至菌体上,若迅速有气泡产生测记录为过氧化氢酶阳性,若无气泡产生测记录为过氧化氢酶阴性。

3. 抗生素耐受实验

抗生素耐受实验主要选用药敏片平板检测方法。待测菌株制作菌悬液,吸取 200 μL 菌悬液涂布于 TSA 培养基上,将待测药敏片贴于平板中央,37 ℃培养 5 d,观察药敏片周边是否存在抑菌圈,若有抑菌圈则说明菌株对该待测药敏片敏感,抑菌圈大小决定菌株对该待测菌株的敏感程度,若无抑菌圈则说明菌株对该待测药敏片不敏感。药敏片种类有:阿米卡星(Amikacin,30 μg)、头孢呋辛钠(Cefuroxime sodium,30 μg)、氯霉素(Chloramphenicol,30 μg)、环丙沙星(Ciprofloxacin,5 μg)、红霉素(Erythromycin,15 μg)、四环素(Tetracycline,30 μg)、万古霉素(Vancomycin,30 μg)、庆大霉素(Gentamicin,10 μg)、多粘菌素 B(Polymyxin B,300 IU)敏感;对乙氢去甲奎宁(Ethylhydrocupreine,5 μg)、诺氟沙星(Norfloxacin,10 μg)、新生霉素(Novobiocin,30 μg)、奥西林(Oxacillin,1 μg)、青霉素(Penicillin,10 IU)、哌拉西林(Piperacillin,100 μg)和联磺甲氧苄啶(Sulfamethoxazode/Trimethoprim,23.75/1.25 μg)不敏感。

4. API 试剂条检测

API 试剂条是由法国梅里埃公司制造,其引用了美国 FDA 细菌鉴定标准与欧洲药典的细菌鉴定标准,把非常复杂的生化反应过程做成轻巧便捷的小小试剂条。制造出了一套简易、快捷、科学的鉴定系统。目前已经广泛用于医疗、工业的微生物的鉴定研究中。

本实验鉴定间作模式植物内生菌所用的试剂有 API 20NE 非发酵菌鉴定试剂条、API 20E 发酵菌鉴定试剂条、API 50CH 芽孢杆菌/乳酸杆菌试剂条探究研究菌株发酵产酸的底物,这是一个变相的迷你的小型发酵实验,缩短了正常试验周期而且误差小;API ZYM 半微量酶活鉴定试剂条能够简单快速测定菌株与梅里埃公司设计的 20 种酶是否发生反应。将待测菌株制作成菌悬液,与 API 50CH 专用产酸检测培养基混合均匀,分别添加至 API 50CH 待测小槽中,37 ℃培养 4 d 后,观察颜色是否发生变化,若培养基颜色由红色变成黄色或者橙黄色,则表明菌株不能够利用相应底物产酸,若培养基颜色依旧为红色,则表明菌株能够利用相应底物且能够产酸,但不能说明菌株是否会利用相应的底物。添加生理盐水(0.8%)菌悬液及 API 20NE 专用培养基混合菌悬液于 API 20NE 试剂条的小槽内,37 ℃培养 4 d 后,添加相关试剂及观察培养基混合液是否澄清来判断菌株的酶活代谢特征及菌株利用底物生长情况。生理盐水(0.8%)混合菌悬液添加至 API ZYM 试剂条小杯中,37 ℃培养24 h或者48 h,加入相关试剂,观察试剂条的颜色变化来判断菌株的酶活特征。

1)扫描电镜观察

选用 TSA 培养基 28 ℃培养 5 d,生理盐水制成菌悬液,3%的戊二醛进行固定,40%、70%、90%、100%的乙醇进行洗脱,喷金 200 s 后进行扫描电镜照相。图 3-6 为两株菌的扫描电镜照片。

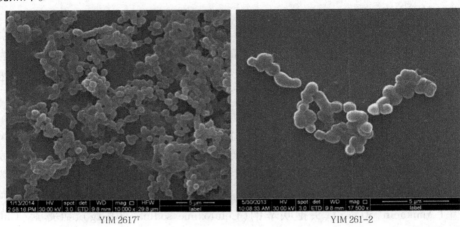

图 3-6　菌株 YIM 2617^T 及 YIM 2617-2 扫描电镜照片

2)构建 16S rRNA 基因生物进化树

采用 Mega6.0 进行 16S rRNA 基因生物进化树,如图 3-7~图 3-9、所示,YIM 2617^T、YIM 2617-2 与 *Marinimicrococcus nanhaiensis* YIM M13146^T 的 16S rRNA 基因相似性为 98.1%和98.0%,YIM 2617^{T}的 16S rRNA 基因克隆序列为:

```
  1 tagagtttga tcctggctca ggacgaacgc tggcggcgtg cttaacacat gcaagtcgaa
 61 cggtaaggcc cttcgggtta cacgagtggc gaacgggtga gtaacacgtg agcaacctgc
121 ccttcactct gggataagca ctcgaaaggg tgtctaatac tggatattca catgtcatcg
181 catggtggtt tgtggaaagt ttttcggtga gggatgggct cgcggcctat cagcttgttg
241 gtgaggtagt ggctcaccaa ggcttcgacg ggtagccggc ctgagagggc gaccggccac
301 actgggactg agatacggcc cagactccta cgggaggcag cagtggggaa tattgcacaa
361 tgggcgaaag cctgatgcag caacgccgcg tgcgggatga cggccttcgg gttgtaaacc
421 gctttcagca gggacgaagc gcaagtgacg gtacctgcag aagaaggacc ggccaactac
481 gtgccagcag ccgcggtgat acgtagggtc cgagcgttgt ccggaattat tgggcgtaaa
541 gagcttgtag gcggtttgtc gcgtcggaag tgaaaactca gggcttaact ctgagcttgc
601 ttccgatacg ggctgactag aggaagttag gggagaacgg aattcctggt ggagcggtgg
661 aatgcgcaga tatcaggagg aacaccggtg gcgaaggcgg ttctctggga ttttcctgac
721 gctgagaagc gaaagcgtgg ggagcaaaca ggcttagata cctggtagt ccacgccgta
781 aacggtgggc actaggtgtg ggtcacattc cacgtgatcc gtgccgtagc taacgcatta
841 agtgccccgc ctggggagta cggccgcaag gctaaaactc aaaggaattg acgggggccc
```

901 gcacaagcgg cggagcatgc ggattaattc gatgcaacgc gaagaacctt acctgggttt
961 gacatacacc ggaaacagcc agagatggtt gccccgtaag gtcggtgtac aggtggtgca
1021 tggctgtcgt cagctcgtgt cgtgagatgt tgggttaagt cccgcaacga gcgcaaccct
1081 cgtcctatgt tgccagcaat tcggttgggg actcatagga gactgccggg gtcaactcgg
1141 aggaaggtgg ggatgaggtc aagtcatcat gccccttatg tccagggctt cacgcatgct
1201 acaatggcag gtacagaggg ctgcgagacc gtgaggttga gcgaatccca aaaagcctgt
1261 ctcagttcgg attggggtct gcaactcgac cccatgaagt cggagtcgct agtaatcgca
1321 gatcagcaac gctgcggtga atacgttccc gggccttgta cacaccgccc gtcaagtcat
1381 gaaagtcggc aacacccgaa gccggtggcc caaccttgt gggggagcc gtcgaaggtg
1441 gggctggtaa ttaggactaa gtcgtaacaa ggtagccgta ccggaaggtg cggctggatc
1501 acctcctt

YIM 2617-2 的 16S rRNA 基因克隆序列为：

1 agagtttgat cctggctcag gacgaacgct ggcggcgtgc ttaacacatg caagtcgaac
61 ggtaaggccc ttcggggtac acgagtggcg aacgggtgag taacacgtga gcaacctgcc
121 cttcactctg ggataagcac tcgaaagggt gtctaatact ggatattcac atgtcatcgc
181 atggtggttt gtggaaagtt tttcggtgag ggatgggctc gcggcctatc agcttgttgg
241 tgaggtagtg gctcaccaag gcttcgacgg gtagccggcc tgagagggcg accggccaca
301 ctgggactga gatacggccc agactcctac gggaggcagc agtggggaat attgcacaat
361 gggcggaagc ctgatgcagc aacgccgcgt gcgggatgac ggccttcggg ttgtaaaccg
421 ctttcagcag ggacgaagcg caagtgacgg tacctgcaga agaaggaccg gccaactacg
481 tgccagcagc cgcggtgata cgtagggtcc gagcgttgtc cagaattatt gggcgtaaag
541 agcttgtagg cggtttgtcg cgtcggaagt gaaaactcag gcttaactc tgagcttgct
601 tcgatacgg gctgactaga ggaagttagg ggagaacgga attcctggtg gagcggtgga
661 atgcgcagat atcaggagga acaccggtgg cgaaggcggt tctctgggac tttcctgacg
721 ctgagaagcg aaagcgtggg gagcaaacag gcttagatac cctggtagtc cacgccgtaa
781 acggtgggca ctaggtgtgg gtcacattcc acgtgatccg tgccgtagct aacgcattaa
841 gtgccccgcc tggggagtac ggccgcaagg ctaaaactca aaggaattga cgggggcccg
901 cacaagcggc ggagcatgcg gattaattcg acgcaacgcg aagaaccta cctgggtttg
961 acatacaccg gaaacagcca gagatggttg ccccgtaagg tcggtgtaca ggtggtgcat
1021 ggctgtcgtc agctcgtgtc gtgagatgtt gggttaagtc ccgcaacgag cgcaaccctc
1081 gtcctatgtt gccagcaatt cggttgggga ctcataggag actgccgggg tcaactcgga
1141 ggaaggtggg gatgaggtca agtcatcatg ccccttatgt ccaggcttc acgcatgcta
1201 caatggcagg tacagagggc tgcgagaccg tgaggttgag cgaatcccaa aaagcctgtc
1261 tcagttcgga ttggggtctg caactcgacc ccatgaagtc ggagtcgcta gtaatcgcag
1321 atcagcaacg ctgcggtgaa tacgttcccg ggccttgtac acaccgcccg tcaagtcatg
1381 aaagtcggca acacccgaag ccggtggccc aaccttgtg ggggagccg tcgaaggtgg
1441 ggctggtaat taggactaag tcgtaacaag gtagccgtac cggaaggtgc ggctggatca
1501 cctccta

YIM 2617^T，YIM 2617-2 两菌株之间的 16S rRNA 基因的相似度为 99.1%，NJ、MP、ML

树中与 *Marinimicrococcus nanhaiensis* YIM M13146^T 聚在同一分支中。从树中可以看出这两株菌属于 *Marinimicrococcus* 属的一个新种。

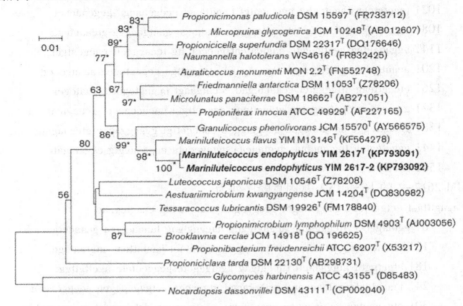

图 3-7　菌株 YIM 2617^T，YIM 2617-2 16S rRNA 基因序列构建 NJ 系统进化树

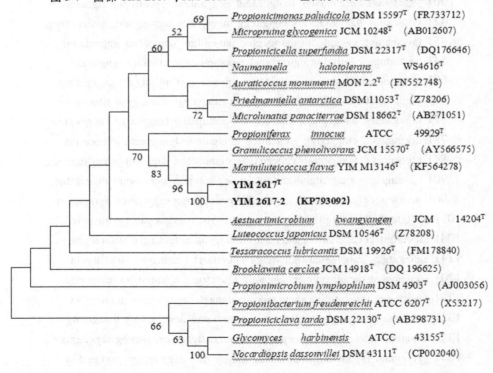

图 3-8　菌株 YIM 2617^T，YIM 2617-2 16S rRNA 基因序列构建 MP 系统进化树

第3章 潜在新物种多相分类鉴定

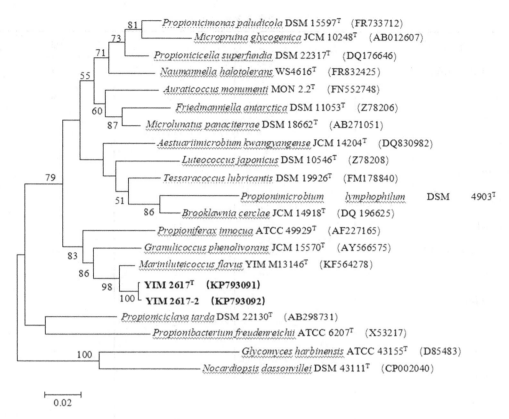

图3-9 菌株 YIM 2617^T, YIM 2617-2 16S rRNA 基因序列构建 ML 系统进化树

3.3.2.4 生理生化特征

分别采用经典方法对 YIM 2617^T 和 YIM 2617-2 进行温度、pH 生长范围、不同底物酶活性质、碳氮源利用等进行实验检测。部分结果如表3-3所示。

表3-3 菌株 YIM 2617^T, YIM 2617-2 以及南海海洋微球菌(*Marinimicrococcus nanhaiensis*) YIM M13146^T 生理生化特征的比较

性质检测	1	2	3
细胞形态(μm)	球形(0.5~1.0)	球形(0.7~1.1)	球形(0.7~1.1)
分离生境	海洋沉积物	烤烟根部	烤烟根部
最适生长温度	30	28~32	28~32
生长温度范围	5~40	10~42	10~42
最适生长 pH	7.0	7.0~8.0	7.0~8.0
最适 NaCl 生长浓度	0~6%	0~2.5%	0~2.0%
NaCl 生长范围	0~1%	0~4.5%	0~4.5%
水解实验:			

续表 3-3

性质检测	1	2	3
吐温 20,40,60	−	+	+
吐温 80	−	w	w
明胶	+	−	−
氧化酶	−	+	+
过氧化氢酶			+
API ZYM			
胰蛋白酶	−	+	+
α-胰凝乳蛋白酶	−	+	+
β-半乳糖苷酶	+	−	−
碳氮源利用:			
己二酸	−	+	+
精氨酸	−	+	+
天冬氨酸	+	+	+
半乳糖	+	−	+
鼠李糖	+	+	−
棉子糖	−	+	+
海藻糖	−	+(+)	+(+)
G+C 摩尔百分比含量	67.2	66.6	66.4

注:1,南海海洋微球菌(*Marinimicrococcus nanhaiensis*) YIM M13146^T;2,YIM 2617^T;3,YIM 2617-2。所有菌株在 TSA 培养基上 37 ℃下生长 3 天后提取脂肪酸。+,实验结果阳性;−,实验结果阴性;w,验结果阳性较弱;(+),碳源产酸。

3.3.2.5 化学指标

分别对脂肪酸、醌型、细胞壁氨基酸、全细胞糖、极性酯等进行检测。表 3-4 是两株菌与标准菌株脂肪酸类型统计,其中 anteiso-$C_{15:0}$ 为主要的脂肪酸类型,分别占 59.9%、56.4%。从脂肪酸的类型及主要脂肪酸种类来看,菌株 YIM 2617^T、YIM 2617-2 与标准菌株 *Marinimicrococcus nanhaiensis* YIM M13146^T 脂肪酸类型相似,主要脂肪酸类型一致。

通过比较标准菌株在高效液相色谱中的醌的保留时间可以分析得出 YIM 2617^T 和 YIM 2617-2 的醌型主要为 MK-9(H_4),图 3-10 是 YIM 2617^T 和 YIM 2617-2 的醌型检测结果。

表 3-4 菌株 YIM 2617^T，YIM 2617-2 及南海海洋微球菌(*Marinimicrococcus nanhaiensis*) YIM M13146^T 的脂肪酸含量(%)

脂肪酸(%)	1	2	3
anteiso-$C_{13:0}$	1.7	6.3	2.8
iso-$C_{14:0}$	2.4	3.7	5.7
iso-$C_{15:0}$	5.3	8.5	5.5
anteiso-$C_{15:0}$	68.7	59.9	56.4
iso-$C_{14:0}$ 3-OH	1.2	0.3	0.2
$C_{14:0}$ 2-OH	1.4	0.1	—
iso-$C_{16:0}$	4.3	4.0	10.3
$C_{16:0}$	0.9	1.2	1.4
综合成分 4	7.6	10.1	11.4
anteiso-$C_{17:0}$	2.4	0.9	1.3

注：菌株：1，南海海洋微球菌(*Marinimicrococcus nanhaiensis*) YIM M13146^T；2，YIM 2617^T；3，YIM 2617-2. 所有的试验数据都是在 TSA 培养基上生长 3 天检测得到的。-，没有检测到或者含量<0.5%。综合成分 4 包含脂肪酸 *iso*-$C_{17:1}$ I 和/或者 *anteiso*-$C_{17:1}$ B。

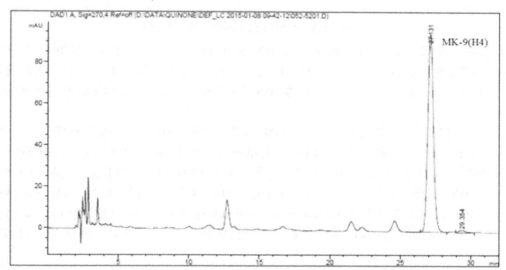

图 3-10 YIM 2617^T 和 YIM 2617-2 的醌型

通过在高效液相色谱中的保留时间与糖标样相比较分析得出 YIM 2617^T 和 YIM 2617-2 的全细胞糖主要为甘露糖、核糖、鼠李糖、葡萄糖、半乳糖、阿拉伯糖。图 3-11 是 YIM 2617^T 和 YIM 2617-2 的全细胞糖检测结果。

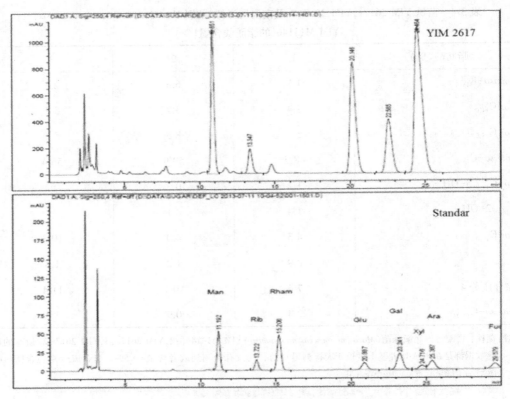

图 3-11 YIM 2617^T 和 YIM 2617-2 的全细胞糖

通过在高效液相色谱中的保留时间与氨基酸标样相比较分析得出 YIM 2617^T 和 YIM 2617-2 的细胞壁氨基酸类型主要为甘氨酸、谷氨酸、丙氨酸。通过 TLC 检测肽聚糖键类型为 *LL*-diaminopimelic acid。图 3-12 是 YIM 2617^T 和 YIM 2617-2 的细胞壁氨基酸检测结果。

通过不同显色试剂显色分析得出 YIM 2617^T 和 YIM 2617-2 的极性酯成分。包括：PG、DPG、PGL(未知含磷糖脂)、GL1-7(未知糖脂)、UL1-4(未知极性脂)。图 3-13 是 YIM 2617^T 和 YIM 2617-2 的极性酯检测结果。图中,DPG,双磷脂酰甘油(Diphosphatidylglycerol);PC,磷脂酰胆碱(phosphatidylcholine);PGL,未知含磷极性糖酯(unknown phosphoglycolipid);GL1-7,未知糖酯(unknown glycolipids);UL1-4,未知极性酯(unknown lipids)。F,薄层层析板跑板第一向;S,薄层层析板跑板第二向。(a,b),菌株 YIM 2617^T;(a,b),菌株 YIM 2617-2。

薄层层析板(TLC)(a,c):待跑完两个方向之后,首先喷磷钼酸盐试剂(molybdatophosphoric acid reagent),紧接着在烘箱内 150 ℃ 加热 3 min 以判定菌株所有的极性酯。薄层层析板(TLC)(b,d)待跑完两个方向之后,均匀喷洒 α-萘酚试剂(α-naphthol reagent),紧接着在烘箱内 100 ℃ 加热 3 min 以判定菌株所有的极性磷脂、极性糖酯。

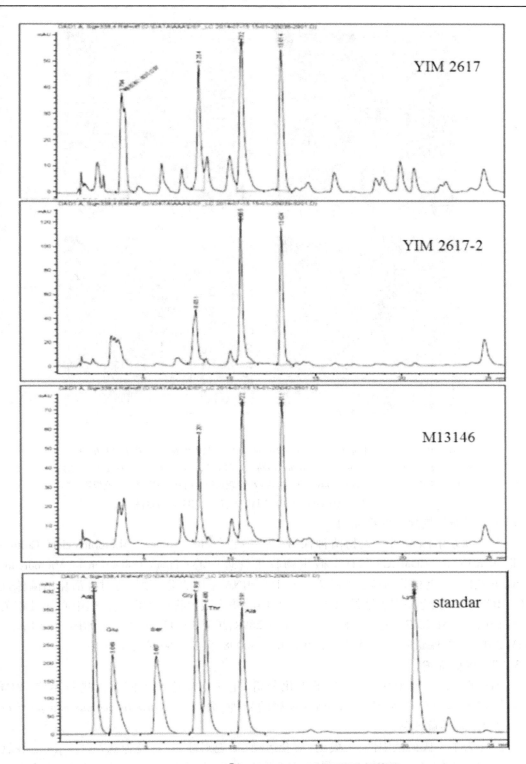

图 3-12　YIM 2617^T 和 YIM 2617-2 的细胞壁氨基酸

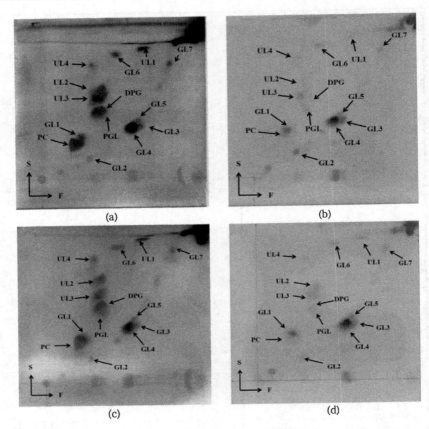

注：DPG,双磷脂酰甘油(Diphosphatidylglycerol);PC,磷脂酰胆碱(phosphatidylcholine);
PGL,未知含磷极性糖酯(unknown phosphoglycolipid);GL1-7,未知糖酯(unknown glycolipids);
UL1-4,未知极性酯(unknown lipids)。F,薄层层析板跑板第一向;S,薄层层析板跑板第二向。

图 3-13　YIM 2617^T(A),YIM 2617-2^T(B)的极性脂

3.3.2.6　保藏机构提供保藏证明

分别联系中国普通微生物菌种保藏管理中心(China General Microbiological Culture Collection Center,CGMCC)和日本微生物收集管理中心(Japan Collection of Microorganisms,JCM)并提供相关菌株的纯培养物及 16S rRNA 基因克隆序列,待对方活化出菌株且 16S rRNA 基因克隆序列验证结果吻合之后,中国普通微生物菌种保藏管理中心开具相关保藏证明。YIM 2617^T 的保藏号为 CGMCC 1.2898、JCM 30097,保藏证明如图 3-14 所示。YIM 2617-2 的保藏号为 CGMCC 1.2897、JCM 30098,保藏证明图图 3-15 所示。

3.3.2.7　菌株描述

通过形态、生理生化特性、分子进化分析、化学指标检测等四方面进行鉴定,YIM 2617^T 和 YIM 2617-2 为 *Mariniluteicoccus* 属的新种,命名为: *Mariniluteicoccus endophyticus* (植物内生海洋黄球菌)。

菌株为革兰氏染色阳性,无鞭毛,不会运动,不规则球菌,直径为 0.7~1.1 μm。好氧生长,可在pH为6.0~9.0时生长,最适pH为7.0~8.0;生长温度范围10~42℃,最适生长

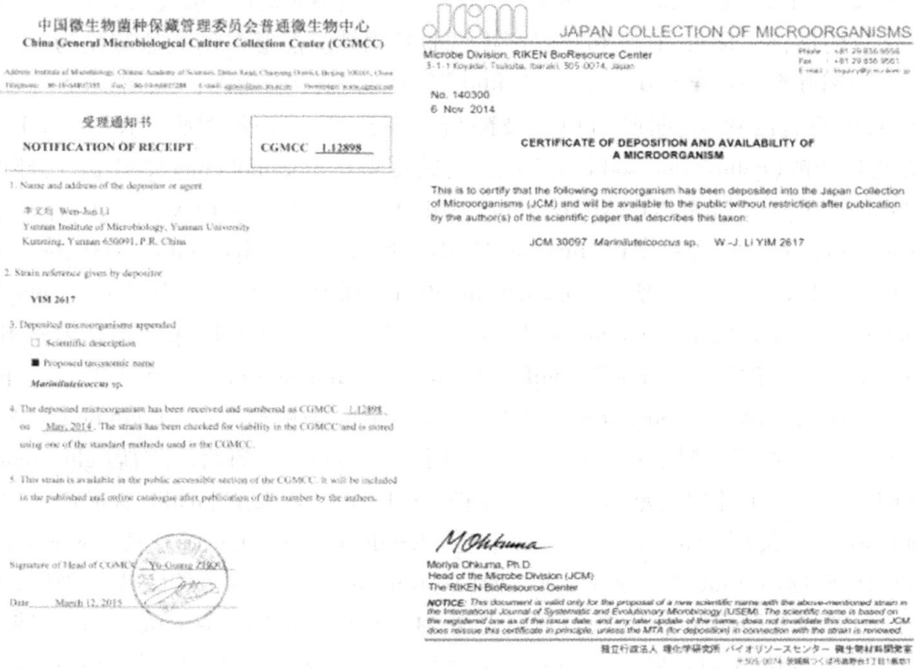
中国微生物菌种保藏管理委员会普通微生物中心
China General Microbiological Culture Collection Center (CGMCC)

受理通知书
NOTIFICATION OF RECEIPT　　CGMCC 1.12898

1. Name and address of the depositor or agent

李文均 Wen-Jun Li
Yunnan Institute of Microbiology, Yunnan University
Kunming, Yunnan 650091, P.R. China

2. Strain reference given by depositor

YIM 2617

3. Deposited microorganisms appended

☐ Scientific description

■ Proposed taxonomic name

***Marinilutelcoccus* sp.**

4. The deposited microorganism has been received and numbered as CGMCC 1.12898 on May, 2014. The strain has been checked for viability in the CGMCC and is stored using one of the standard methods used in the CGMCC.

5. This strain is available in the public accessible section of the CGMCC. It will be included in the published and online catalogue after publication of this number by the authors.

Signature of Head of CGMCC　Yu-Guang ZHOU

Date　March 12, 2015

JAPAN COLLECTION OF MICROORGANISMS
Microbe Division, RIKEN BioResource Center

No. 140300
6 Nov 2014

CERTIFICATE OF DEPOSITION AND AVAILABILITY OF A MICROORGANISM

This is to certify that the following microorganism has been deposited into the Japan Collection of Microorganisms (JCM) and will be available to the public without restriction after publication by the author(s) of the scientific paper that describes this taxon:

JCM 30097　*Marinilutelcoccus* sp.　W.-J. Li YIM 2617

Moriya Ohkuma, Ph.D.
Head of the Microbe Division (JCM)
The RIKEN BioResource Center

NOTICE: *This document is valid only for the proposal of a new scientific name with the above-mentioned strain in the International Journal of Systematic and Evolutionary Microbiology (IJSEM). The scientific name is based on the registered one as of the issue date, and any later update of the name, does not invalidate this document. JCM does reissue this certificate in principle, unless the MTA (for deposition) in connection with the strain is renewed.*

独立行政法人 理化学研究所 バイオリソースセンター 微生物材料開発室

图 3-14　菌株 YIM 2617^{T}的保藏证明

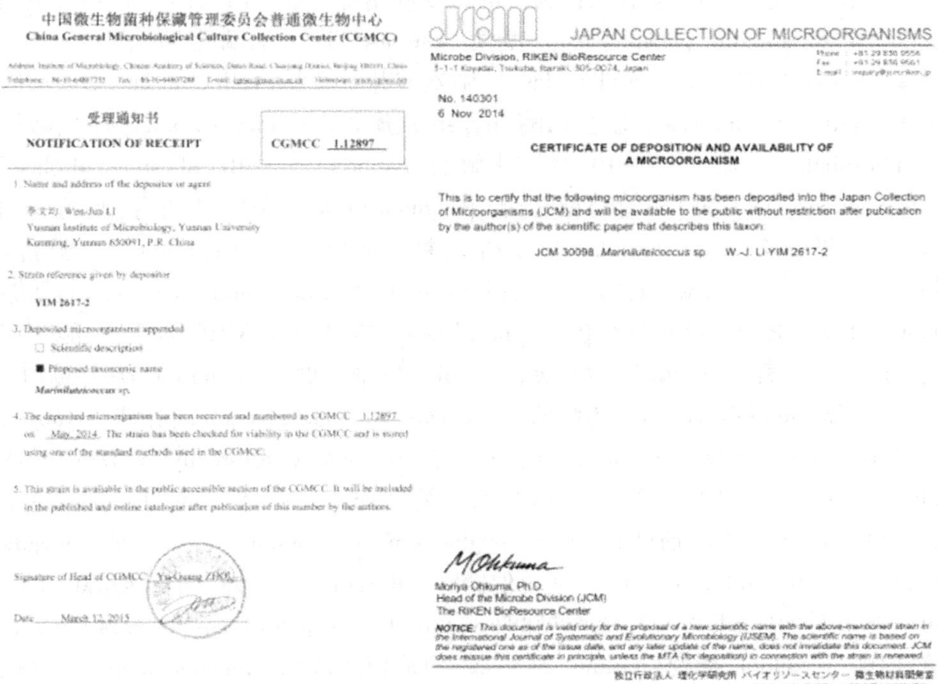
中国微生物菌种保藏管理委员会普通微生物中心
China General Microbiological Culture Collection Center (CGMCC)

受理通知书
NOTIFICATION OF RECEIPT　　CGMCC 1.12897

1. Name and address of the depositor or agent

李文均 Wen-Jun Li
Yunnan Institute of Microbiology, Yunnan University
Kunming, Yunnan 650091, P.R. China

2. Strain reference given by depositor

YIM 2617-2

3. Deposited microorganisms appended

☐ Scientific description

■ Proposed taxonomic name

***Marinilutelcoccus* sp.**

4. The deposited microorganism has been received and numbered as CGMCC 1.12897 on May, 2014. The strain has been checked for viability in the CGMCC and is stored using one of the standard methods used in the CGMCC.

5. This strain is available in the public accessible section of the CGMCC. It will be included in the published and online catalogue after publication of this number by the authors.

Signature of Head of CGMCC　Yu-Guang ZHOU

Date　March 12, 2015

JAPAN COLLECTION OF MICROORGANISMS
Microbe Division, RIKEN BioResource Center

No. 140301
6 Nov 2014

CERTIFICATE OF DEPOSITION AND AVAILABILITY OF A MICROORGANISM

This is to certify that the following microorganism has been deposited into the Japan Collection of Microorganisms (JCM) and will be available to the public without restriction after publication by the author(s) of the scientific paper that describes this taxon:

JCM 30098　*Marinilutelcoccus* sp.　W.-J. Li YIM 2617-2

Moriya Ohkuma, Ph.D.
Head of the Microbe Division (JCM)
The RIKEN BioResource Center

NOTICE: *This document is valid only for the proposal of a new scientific name with the above-mentioned strain in the International Journal of Systematic and Evolutionary Microbiology (IJSEM). The scientific name is based on the registered one as of the issue date, and any later update of the name, does not invalidate this document. JCM does reissue this certificate in principle, unless the MTA (for deposition) in connection with the strain is renewed.*

独立行政法人 理化学研究所 バイオリソースセンター 微生物材料開発室

图 3-15　菌株 YIM 2617-2 的保藏证明

温度 28～32 ℃；NaCl 耐受范围在 0～4.5%（w/v），最适 NaCl 生长浓度为 0～2 %。氧化酶和过氧化氢酶活性呈阳性，H₂S 和吲哚产生试验呈阴性。能够将硝酸盐转化为亚硝酸盐。可以水解利用吐温 20、吐温 40、吐温 60 和吐温 80，即有酯酶活性；但不能水解淀粉，明胶或酪蛋白，即没有淀粉酶、明胶蛋白酶及酪蛋白酶活性。菌株对阿米卡星（amikacin，30 μg）、头孢呋辛钠（cefuroxime sodium，30 μg）、氯霉素（chloramphenicol，30 μg）、环丙沙星（ciprofloxacin，5 μg）、红霉素（erythromycin，15 μg）、诺氟沙星（norfloxacin，10 μg）、新生霉素（novobiocin，30 μg）、青霉素（penicillin，10 IU）、哌拉西林（piperacillin，100 μg）、四环素（tetracycline，30 μg）和万古霉素（vancomycin，30 μg）敏感，但对乙氢去甲奎宁（ethylhydrocupreine，5 μg）、庆大霉素（gentamicin，10 μg）、奥西林（oxacillin，1 μg）、多粘菌素 B（polymyxin B，300 IU）和联磺甲氧苄啶（sulfamethoxazode/trimethoprim，23.75/1.25 μg）不敏感。

菌株可以利用己二酸（adipate）、L-丙氨酸（L-alanine）、L-精氨酸（L-arginine）、L-天冬氨酸（L-aspartate）、纤维二糖（cellobiose）、D-果糖（D-fructose）、葡萄糖酸盐（gluconate）、D-葡萄糖（D-glucose）、甘油（glycerol）、麦芽糖（maltose）、苹果酸（malic acid）、D-甘露糖（D-mannose）、山梨糖（raffinose）、L-鼠李糖（L-rhamnose）、L-脯氨酸（proline）、淀粉（starch）、D-蔗糖（D-sucrose）和 D-海藻糖（D-trehalose）作为唯一的碳或氮来源；不能利用 D-阿拉伯糖（D-arabinose）、氮乙酰氨基葡萄糖（N-acetylglucosamine）、癸二酸（capric acid）、柠檬酸（citric acid）、乳糖（lactose）、L-赖氨酸（L-lysine）、D-甘露醇（D-mannitol）、苯乙酸（phenylacetic acid）、山梨醇（sorbitol）、山梨醇（sorbose）、木糖醇（xylitol）和木糖（xylose）作为唯一能源。D-半乳糖作为碳的可变利用源。在 API ZYM 体系中，呈阳性的有：碱性磷酸酶（alkaline phosphatase）、酯酶（esterase C4）、酯酶脂肪酶（esterase lipase C8）、亮氨酸芳基胺酶（leucine arylamidase）、缬氨酸芳基胺酶（valine arylamidase）、胱氨酸芳基胺酶（cystine arylamidase）、胰蛋白酶（trypsin）、糜蛋白酶（a-chymotrypsin）、酸性磷酸酶（acid phosphatase）、萘酚-AS-BI-磷酸水解酶（naphthol-AS-BI-phosphohydrolase）、α-糖苷酶（α-glucosidase）和 β-葡萄糖苷酶（β-glucosidase）；呈阴性的有：脂肪酶（lipase C14）、α-半乳糖苷酶（a-galactosidase）、β-半乳糖苷酶（β-galactosidase）、β-糖醛酸甙酶（β-glucuronidase）、N-乙酰-葡萄糖胺酶（N-acetyl-β-glucosaminidase）、α-半乳糖甙酶（α-mannosidase）、β-半乳糖甙酶（β-mannosidase）。在 API 50 CHB 体系中，能利用以下碳源底物产酸：熊果甙（arbutin）、七叶灵（aesculi）、纤维二糖（cellobiose）、D-果糖（D-fructose）、龙胆二糖（gentiobiose）、D-葡萄糖（D-glucose）、甘油（glycerol）、肝糖（glycogen）、麦芽糖（maltose）、D-甘露糖（D-mannose）、α-甲基-D-葡萄糖甙（methyl a-D-glucopyranoside salicin）、淀粉（starch）、蔗糖（sucrose）、海藻糖（trehalose）和松二糖（turanose）；不能利用以下碳源产酸：N-乙酰-葡糖胺（N-acetylglucosamine adonitol）、苦杏仁甙（amygdalin）、DL-阿拉伯糖（DL-arabinose）、DL-阿拉伯糖醇（DL-arabitol）、DL-半乳糖醇（DL-dulcitol）、DL-半乳糖（D-galactose）、赤藓糖醇（erythritol）、海藻糖（fucose）、葡萄糖酸盐（gluconate）、肌醇（inositol）、菊糖（inulin）、2-酮基-葡萄糖酸盐（2-ketogluconate）、5-酮基-葡萄糖酸盐（5-ketogluconate）、乳糖（lactose）、D-木糖（D-lyxose）、D-甘露醇（D-mannitol）、α-甲基-D-甘露糖甙（methyl a-D-mannopyranoside）、蜜二糖（melibiose）、β-甲基-D-木

糖甙(methyl b-D-xylopyranoside)、棉子糖(raffinose)、L-鼠李糖(L-rhamnose)、D-核糖(D-ribose)、山梨醇(sorbitol)、L-山梨醇(L-sorbose)、D-塔格糖(D-tagatose)、木糖醇(xylitol)和DL-木糖(DL-xylose)。细胞肽聚糖层含有L-二氨基肽蜜氨酸,丙氨酸,甘氨酸和谷氨酸。醌型主要以MK-9(H_4)为主。脂肪酸是anteiso-C15：0。极性脂质组成磷脂酰胆碱,二磷脂酰甘油,磷酸糖酯,4个未知极性脂类和7个未知糖脂。典型菌株YIM 2617^{T}自甜罗勒根部,属于植物内生菌。DNA G+C 含量为66.6 mol %。菌株YIM 2617^{T}属于 *Mariniluteicoccus* 属的新种,YIM 2617-2是该物种的第二株。

3.3.3 菌株YIM 2755^{T}的多相分类鉴定

YIM 2755^{T}分离自烤烟植物叶子,分别从形态分析、分子进化、生理生化分析、化学分类等方面进行试验验证。

3.3.3.1 菌株形态特征观察

离株的表型特征主要采用扫描电镜的方法,选取在TSA培养基上生长5 d的菌株,制作菌悬液,用光学显微镜(Philips XL30)和扫描电镜(ESEM-TMP)对其进行了形态学表征。革兰氏染色采用3% KOH非染色法,取新鲜菌体,滴加2滴3%的KOH溶液于菌体之上,1 min之后,用竹签挑取菌体,若有黏丝状则判定为革兰氏阴性,若无则记录为革兰氏阳性。细胞的运动性是通过在含有半固态介质(0.6%琼脂)的试管中接种菌株,37 ℃培养3 d,观察菌株周边培养基中是否产生浑浊现象。

3.3.3.2 菌株生长范围及测定

接种菌株于TSA培养基上,分别设定4 ℃、15 ℃、20 ℃、28 ℃、30 ℃、32 ℃、37 ℃、42 ℃、45 ℃和50 ℃培养条件,培养5 d,观察在不同温度条件下,菌株的生长情况,判断菌株的生长温度范围。配制0~10% NaCl(w/v)(间隔0.5 %单位,0%、0.5%、1%、1.5%、2%、2.5%、3%、3.5%、4%、4.5%、5%、5.5%、6%、6.5%、7%、7.5%、8%、8.5%、9%、9.5%、10%)的TSA培养基,接种菌株于以上培养基上,37 ℃培养5 d,观察菌株生长情况,以判断菌株NaCl浓度的耐受范围。首先配制不同pH梯度范围的缓冲体积(pH 4.0~5.0：0.1 M柠檬酸/0.1 M柠檬酸钠;pH 6.0~8.0：0.1 M KH_2PO_4/0.1 M NaOH;pH 9.0~10.0：0.1 M $NaHCO_3$/0.1 M Na_2CO_3),分别添加至Tryptose Soy Broth(TSB,Difco)液体培养基中,115 ℃灭菌20 min,分别选用HCl、NaOH调节pH为：4.0、4.5、5.0、5.5、6.0、6.5、7.0、7.5、8.0、8.5、9.0、9.5、10.0的TSA液体培养基,无菌分装于10 mL螺口试管中;将测试菌株制成菌悬液,分别加入50 μL菌悬液于不同pH的液体培养基中,37 ℃条件下培养5 d,观察菌株的生长情况,用以判断菌株的pH范围生长。

3.3.3.3 酶活测定

1.水解酶实验

淀粉酶酶活检测培养基:可溶性淀粉10 g,葡萄糖0.5 g,磷酸二氢钾0.5 g,氯化钠0.5 g,硝酸钾1 g,微量盐1 mL,琼脂粉15 g,蒸馏水1 000 mL,pH 自然。

纤维素酶活检测培养基:羟甲基纤维素钠2 g,葡萄糖0.5 g,磷酸二氢钾0.5 g,氯化钠0.5 g,硝酸钾1 g,微量盐1 mL,琼脂粉15 g,蒸馏水1 000 mL,pH 自然。(羟甲基纤维素

钠水浴加热溶解之后加入至培养基)

蛋白酶酶活检测培养基:脱脂牛奶5 g,葡萄糖0.5 g,磷酸二氢钾0.5 g,氯化钠0.5 g,硝酸钾1 g,微量盐1 mL,琼脂粉15g,蒸馏水1 000 mL,pH自然。(牛奶105 ℃分开灭菌,倒板时混匀)

酯酶酶活检测培养基:吐温(20、40、60、80)10 g(与培养基分开灭菌,待培养基冷确至60 ℃时,均匀混合倒平板),葡萄糖0.5 g,磷酸二氢钾0.5 g,氯化钠0.5 g,硝酸钾1 g,微量盐1 mL,琼脂粉15 g,蒸馏水1 000 mL,pH自然。

微量盐:硫酸铁2 g,硫酸锰1 g,硫酸锌1 g,硫酸铜1 g,蒸馏水100 mL,pH自然。

2.其他酶活检测

取新鲜菌体于滤纸上,将氧化酶试剂(梅里埃,德国)滴加至菌体上,30 s内观察菌株的颜色是否有紫色出现,若出现紫色记录为氧化酶阳性,若为原有菌株颜色则记录为氧化酶阴性。取新鲜菌体于玻璃平板上,将3%(v/v)H_2O_2试剂滴加至菌体上,若迅速有气泡产生则记录为过氧化氢酶阳性,若无气泡产生测记录为过氧化氢酶阴性

3.抗生素耐受实验

抗生素耐受实验主要选用药敏片平板检测方法。待测菌株制作成菌悬液,吸取200 μL菌悬液涂布于TSA培养基上,将待测药敏片贴于平板中央,37 ℃培养5 d,观察药敏片周边是否存在抑菌圈,若有抑菌圈则说明菌株对该待测药敏片敏感,抑菌圈大小决定菌株对该待测菌株的敏感程度,若无抑菌圈则说明菌株对该待测药敏片不敏感。药敏片种类有:阿米卡星(Amikacin,30 μg)、头孢呋辛钠(Cefuroxime sodium,30 μg)、氯霉素(Chloramphenicol,30 μg)、环丙沙星(Ciprofloxacin,5 μg)、红霉素(Erythromycin,15 μg)、四环素(Tetracycline30 μg)、万古霉素(Vancomycin,30 μg)、庆大霉素(Gentamicin,10 μg)、多粘菌素B(Polymyxin B,300 IU)敏感;对乙氢去甲奎宁(Ethylhydrocupreine,5 μg)、诺氟沙星(Norfloxacin,10 μg)、新生霉素(Novobiocin,30 μg)、奥西林(Oxacillin,1 μg)、青霉素(Penicillin,10 IU)、哌拉西林(Piperacillin,100 μg)和联磺甲氧苄啶(Sulfamethoxazode/Trimethoprim,23.75/1.25 μg)不敏感。

4.API试剂条检测

API试剂条法国梅里埃公司所制造的,它引用了美国FDA细菌鉴定标准与欧洲药典的细菌鉴定标准,把非常复杂的生化反应过程做成轻巧便捷的小小试剂条。制造出了一套简易、快捷、科学的鉴定系统。目前已经广泛用于医疗、工业的微生物鉴定研究中。

本实验鉴定间作模式植物内生菌所用的试剂有API 20NE非发酵菌鉴定、试剂条、API 20E发酵菌鉴定试剂条,两者综合使用主要判断菌株对部分碳源的利用情况及部分酶活性。API 50CH芽孢杆菌/乳酸杆菌试剂条主要研究菌株发酵产酸的底物,这是一个变相的迷你的小型发酵实验,缩短了正常试验周期而且误差小;API ZYM半微量酶活鉴定试剂条能够简单快速测定菌株与梅里埃公司设计的20种酶是否发生反应。将待测菌株制作成菌悬液,与API 50CH专用产酸检测培养基混合均匀,分别添加至API 50CH待测小槽中,37 ℃培养4 d后,观察颜色是否发生变化,若培养基颜色由红色变成黄色或者橙黄色,则表明菌株不能够利用相应底物产酸,若培养基颜色依旧为红色,则表明菌株能

够利用相应底物且能够产酸,但不能说明菌株是否会利用相应的底物。添加生理盐水(0.8%)菌悬液及 API 20NE 专用培养基混合菌悬液于 API 20NE 试剂条的小槽内,37 ℃培养 4 d 后,添加相关试剂及观察培养基混合液是否澄清来判断菌株的酶活代谢特征及菌株利用底物生长情况。生理盐水(0.8%)混合菌悬液添加至 API ZYM 试剂条小杯中,37 ℃培养 24 h 或者 48 h,加入相关试剂,观察试剂条的颜色变化来判断菌株的酶活特征。

1) 扫描电镜观察

选用 TSA 培养基 28 ℃培养 5 d,将生理盐水制成菌悬液,2%的戊二醛进行固定,40%、70%、90%、100%的乙醇进行洗脱,喷金 200 s 后进行扫描电镜照相。图 3-16 为两株菌的扫描电镜照片。

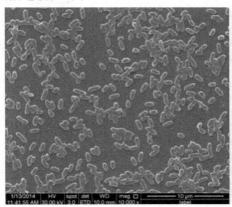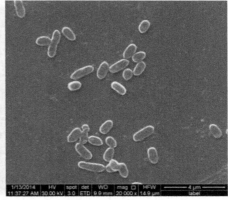

图 3-16　菌株 YIM 2755^T 扫描电镜照片

2) 构建 16S rRNA 基因生物进化树

采用 Mega 5.0 进行 16S rRNA 基因生物进化树,如图 3-17 所示,YIM 2755^T 与 *Sphingobacterium yanglingense* JCM30166^T 及 *Sphingobacterium nematocida* JCM17339^T 的 16S rRNA 基因相似性为 96.1% 和 95.8%,在 NJ 树中与 *Sphingobacterium yanglingense* JCM30166^T 及 *Sphingobacterium nematocida* JCM17339^T 聚在同一分支中。从树中可以看出这两株菌属于 *Sphingobacterium* 属的一个新种。

3.3.3.4　生理生化特征

分别采用经典方法对 YIM 2755^T 进行温度、pH 生长范围、不同底物酶活性质、碳氮源利用等进行实验检测。部分结果如表 3-5 所示。

3.3.3.5　化学指标

分别对脂肪酸、醌型、细胞壁氨基酸、全细胞糖、极性酯等进行检测。表 3-6 是两株菌与标准菌株脂肪酸类型统计,其中 anteiso-$C_{15:0}$ 为主要的脂肪酸类型,分别占到 59.9% 和 56.4%。从脂肪酸的类型及主要脂肪酸种类来看,菌株 YIM 2755^T 与标准菌株与 *Sphingobacterium yanglingense* JCM30166^T 及 *Sphingobacterium nematocida* JCM17339^T 脂肪酸类型相似,主要脂肪酸类型一致。

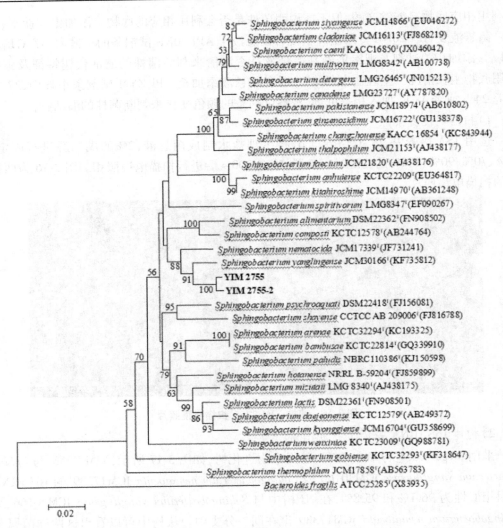

图 3-17 菌株 YIM 2755[T] 与相近菌株 16S rRNA 基因序列构建 Neighbour-joining 系统进化树

表 3-5 菌株 YIM 2755[T] 与杨凌鞘氨醇杆菌(*Sphingobacterium yanglingense*) JCM30166[T] 及杀线虫鞘氨醇杆菌(*Sphingobacterium nematocida*) JCM17339[T] 的生理生化特征比较

生理特性	1	2	3
细胞形态(μm)	杆状(直径0.4~0.5,长1.1~1.6)	杆状(直径0.4~0.5,长1.1~1.6)	杆状(直径0.4~0.8,长1.0~1.5)
分离生境	烤烟叶	豌豆表面	烟草叶
最适生长温度(℃)	30~35	28~32	28~32
温度生长范围(℃)	10~42	10~40	10~40
最适生长 pH	7.0	7.0	7.0
生长范围 pH	6.0~9.0	5.0~9.0	6.0~9.0

续表 3-5

生理特性	1	2	3
最适 NaCl 浓度	0~1.5%	0~2.5%	0~2.5%
NaCl 耐受范围	0~3.5%	0~3.5%	0~4.0%
水解实验：			
吐温 20	+	+	−
吐温 40	+	+	−
吐温 60	+	+	−
吐温 80	+	+	−
淀粉	−	−	−
明胶	−	−	−
酪蛋白	−	−	−
脲	+	+	−
氧化酶	+	+	+
过氧化氢酶	+	+	+
API ZYM			
脂肪酶(C14)	−	+	+
β-半乳糖苷酶	−	+	+
β-岩藻糖苷酶	−	+	+
API 20NE			
精氨酸双水解酶	+	−	−
甘露醇同化	+	−	−
API 50CH			
赤藓糖醇	−	+	−
阿拉伯糖	−	+	+
核糖	+	+	−
木糖	+	−	−
核糖醇	+	+	−
半乳糖	−	+	+
山梨糖	+	−	−
α-甲基-D-吡喃葡萄糖苷	+	+	−
N-乙酰氨基葡萄糖	+	+	−
淀粉	−	+	+

续表 3-5

生理特性	1	2	3
糖原	−	−	+
木糖醇	−	−	+
龙胆二糖	−	+	+
松二糖	−	+	+
果糖	−	+	+
碳源利用：			
阿拉伯糖	−	+	+
半乳糖	−	+	+
甘露醇	+	−	−
核糖	+	+	−
山梨醇	+	−	−
山梨糖	+	−	−
淀粉	−	+	+
木糖醇	−	−	+
木糖	+	−	−
G+C 摩尔百分比含量	42.3	41.1	40.6

注：1, YIM 2755^T；2, 杨凌鞘氨醇杆菌(*Sphingobacterium yanglingense*)JCM 30166^T；3, 杀线虫鞘氨醇杆菌(*Sphingobacterium nematocida*)JCM 17339^T。所有检测菌株在 TSA 培养基 37 ℃下生长 5 天。+, 阳性或利用；−, 阴性或不利用；(+), 产酸。

表 3-6　菌株 YIM 2755^T 与杨凌鞘氨醇杆菌(*Sphingobacterium yanglingense*)JCM30166^T 及杀线虫鞘氨醇杆菌(*Sphingobacterium nematocida*)JCM17339^T 的脂肪酸含量(%)

脂肪酸	1	2	3
$iso\text{-}C_{15:0}$	32.4	35.8	41.3
$anteiso\text{-}C_{15:0}$	2.8	4.2	3.1
$C_{14:0}$	1.4	1.8	0.9
$C_{16:1}\ \omega 5c$	−	−	0.60
$C_{16:0}$	4.9	5.8	5.0
$iso\text{-}C_{15:0}\ 3\text{-}OH$	2.2	1.6	1.6
$C_{15:0}\ 3\text{-}OH$	0.6	−	−
$C_{16:0}\ 3\text{-}OH$	5.8	5.4	3.1
$iso\text{-}C_{17:0}\ 3\text{-}OH$	11.3	11.2	14.1

续表 3-6

脂肪酸	1	2	3
$C_{17:0}$ 2-OH	0.6	0.8	0.6
综合成分 3	35.2	30.4	24.9
综合成分 4	-	-	0.8
综合成分 9	-	-	1.4

注:菌株:1,YIM 2755^T;2,杨凌鞘氨醇杆菌(*Sphingobacterium yanglingense*)JCM 30166^T;3,线虫鞘氨醇杆菌(*Sphingobacterium nematocida*)JCM 17339^T;所有检测菌株在 TSA 培养基 37 ℃下生长 3 天;-,没有检测到或者含量<0.5%;综合成分 3 包含 $C_{16:1}$ ω7c/$C_{16:1}$ ω6c 和/或 $C_{16:1}$ ω6c/$C_{16:1}$ ω7c;综合成分 4 包含脂肪酸 $C_{17:1}$ *iso* I/*anteiso* B 和/或 $C_{17:1}$ *anteiso* B/*iso* I;综合成分 9 包含脂肪酸 $C_{17:1}$ *iso* ω9c 和/或 $C_{16:0}$ 10-*methyl*。

菌株:1,YIM 2755^T;2,*Sphingobacterium yanglingense* JCM30166^T;3,*Sphingobacterium nematocida* JCM17339^T.所有试验菌株在 TSA 培养基上生长 3 d。-,未检测到含量<0.5%。

图 3-18 是 YIM 2755^T 的醌型检测结果,通过在高效液相色谱中的保留时间与标准菌株相比可以分析得出 YIM 2755^T 的醌型主要为 MK-7。

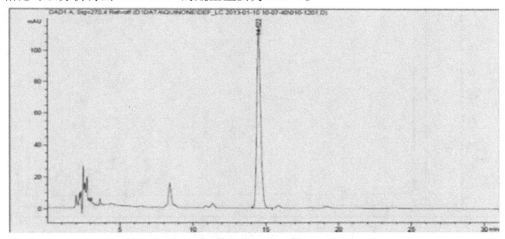

图 3-18 菌株 YIM 2755^T 的醌类型

图 3-19 是 YIM 2755^T 的糖型检测结果,通过在高效液相色谱中的保留时间与标准菌株相比可以分析得出 YIM 2755^T 的糖型主要为甘露糖、核糖、鼠李糖、葡萄糖、半乳糖。

图 3-20 是 YIM 2755^T 的极性酯检测结果,通过不同显色试剂显色分析得出 YIM 2755^T 的极性酯成分。包括:PE、4 个未知极性脂(UL1-4)、4 个未知磷脂(PL1-4)、2 个未知糖脂(GL1-2)、3 个含氨基磷脂(APL1-3)。薄层层析板(TLC)(a,c)待跑完两个方向之后,首先喷磷钼酸盐试剂(molybdatophosphoric acid reagent),紧接着在烘箱内 150 ℃ 加热 3 min 以判定菌株所有的极性酯。

薄层层析板(TLC)(b,d)待跑完两个方向之后,均匀喷洒 α-萘酚试剂(α-naphthol reagent),紧接着在烘箱内 100 ℃ 加热 3 min,通过颜色变化以判定菌株所有的极性磷脂、极性糖酯。菌株 YIM 2755^T 包含的极性酯为:PE,磷脂酰乙醇胺(Phosphatidylethanolamine);GL1-2, unknown glycolipids;UL1-4, unknown polar lipids;PL1-4,未知糖酯

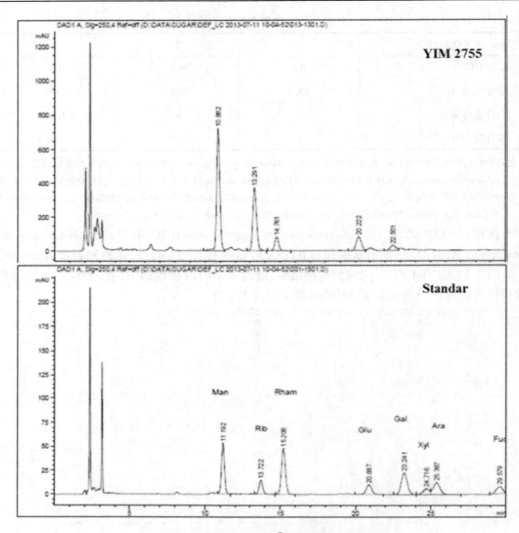

图 3-19　菌株 YIM 2755^T 的全细胞糖类型

(unknown glycolipids)；APL1-3，未知含氨基的极性磷酯(unknow aminophospholipids)。

3.3.3.6　保藏机构提供保藏证明

分别联系中国普通微生物菌种保藏管理中心(China General Microbiological Culture Collection Center, CGMCC)和日本微生物收集管理中心(Japan Collection of Microorganisms, JCM)并提供相关菌株的纯培养物及 16S rRNA 基因克隆序列，待对方活化出菌株且 16S rRNA 基因克隆序列验证结果吻合之后，中国普通微生物菌种保藏管理中心开具相关保藏证明。YIM 2755^T 的保藏号为：CGMCC 1.12910、JCM 30107；保藏证明如图 3-21 所示。

3.3.3.7　菌株描述

通过形态、生理生化特性、分子进化分析、化学指标检测等四方面进行鉴定，YIM 2755^T 为 *Sphingobacterium* 属的新种，命名为 *Sphingobacterium endophyticus*(植物内生鞘氨醇杆菌)。

第 3 章 潜在新物种多相分类鉴定

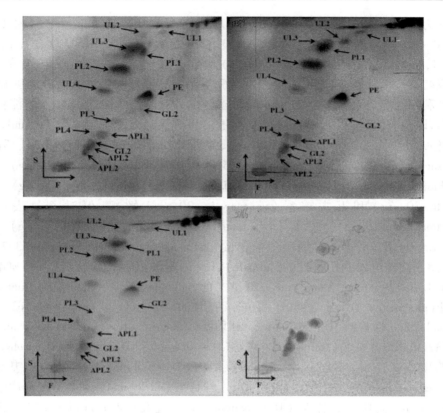

图 3-20 YIM 2755^T 与 *Sphingobacterium yanglingense* JCM30166^T 及 *Sphingobacterium nematocida* JCM17339^T 的极性脂

图 3-21 菌株 YIM 2755^T 的保藏证明

菌株为革兰氏染色阴性，不活动，不规则球菌，直径为0.7~1.1 μm。好氧生长，可在pH为6.0~9.0时生长，最适pH为7.0~8.0；生长温度范围10~42 ℃，最适生长温度为28~32 ℃；NaCl耐受范围为0~4.5%（w/v），最适NaCl生长浓度为0~2%。氧化酶和过氧化氢酶活性呈阳性，H_2S和吲哚产生实验呈阴性。能够将硝酸盐转化为亚硝酸盐。可以水解利用吐温20、吐温40、吐温60和吐温80，即有酯酶活性；但不能水解淀粉、明胶或酪蛋白，即没有淀粉酶、明胶蛋白酶及酪蛋白酶活性。菌株对阿米卡星（amikacin，30 μg）、头孢呋辛钠（cefuroxime sodium，30 μg）、氯霉素（chloramphenicol，30 μg）、环丙沙星（ciprofloxacin，5 μg）、红霉素（erythromycin，15 μg）、诺氟沙星（norfloxacin，10 μg）、新生霉素（novobiocin，30 μg）、青霉素（penicillin，10IU）、哌拉西林（piperacillin，100 μg）、四环素（tetracycline 30 μg）和万古霉素（vancomycin，30 μg）敏感，但对乙氢去甲奎宁（ethylhydrocupreine，5 μg）、庆大霉素（gentamicin，10 μg）、奥西林（oxacillin，1 μg）、多粘菌素B（polymyxin B，300IU）和联磺甲氧苄啶（sulfamethoxazode/trimethoprim，23.75/1.25 μg）不敏感。菌株可以利用己二酸（adipate）、L-丙氨酸（L-alanine）、L-精氨酸（L-arginine）、L-天冬氨酸（L-aspartate）、纤维二糖（cellobiose）、D-果糖（D-fructose）、葡萄糖酸盐（gluconate）、D-葡萄糖（D-glucose）、甘油（glycerol）、麦芽糖（maltose）、苹果酸（malic acid）、D-甘露糖（D-mannose）、山梨糖（raffinose）、L-鼠李糖（L-rhamnose）、L-脯氨酸（proline）、淀粉（starch）、D-蔗糖（D-sucrose）和D-海藻糖（D-trehalose）作为唯一的碳或氮来源；不能利用D-阿拉伯糖（D-arabinose）、氮乙酰氨基葡萄糖（N-acetylglucosamine）、癸二酸（capric acid）、柠檬酸（citric acid）、乳糖（lactose）、L-赖氨酸（L-lysine）、D-甘露醇（D-mannitol）、苯乙酸（phenylacetic acid）、山梨醇（sorbitol）、山梨醇（sorbose）、木糖醇（xylitol）和木糖（xylose）作为唯一能源。D-半乳糖作为碳的可变利用源。在API ZYM体系中，呈阳性的有：碱性磷酸酶（alkaline phosphatase）、酯酶（esterase C4）、酯酶脂肪酶（esterase lipase C8）、亮氨酸芳基胺酶（leucine arylamidase）、缬氨酸芳基胺酶（valine arylamidase）、胱氨酸芳基胺酶（cystine arylamidase）、胰蛋白酶（trypsin）、糜蛋白酶（α-chymotrypsin）、酸性磷酸酶（acid phosphatase）、萘酚-AS-BI-磷酸水解酶（naphthol-AS-BI-phosphohydrolase）、α-糖苷酶（α-glucosidase）和β-葡萄糖苷酶（β-glucosidase）；呈阴性的有：脂肪酶（lipase C14）、α-半乳糖苷酶（α-galactosidase）、β-半乳糖苷酶（β-galactosidase）、β-糖醛酸贰酶（β-glucuronidase）、N-乙酰-葡萄糖胺酶（N-acetyl-β-glucosaminidase）、α-半乳糖贰酶（α-mannosidase）、β-半乳糖贰酶（β-mannosidase）。在API 50 CHB体系中，能利用以下碳源底物产酸：熊果贰（arbutin）、七叶灵（aesculi）、纤维二糖（cellobiose）、D-果糖（D-fructose）、龙胆二糖（gentiobiose）、D-葡萄糖（D-glucose）、甘油（glycerol）、肝糖（glycogen）、麦芽糖（maltose）、D-甘露糖（D-mannose）、α-甲基-D-葡萄糖贰（methyl a-D-glucopyranoside salicin）、淀粉（starch）、蔗糖（sucrose）、海藻糖（trehalose）和松二糖（turanose）；不能利用以下碳源产酸：N-乙酰-葡糖胺（N-acetylglucosamine adonitol）、苦杏仁贰（amygdalin）、DL-阿拉伯糖（DL-arabinose）、DL-阿拉伯糖醇（DL-arabitol）、DL-半乳糖醇（DL-dulcitol）、DL-半乳糖（D-galactose）、赤藓糖醇（erythritol）、海藻糖（fucose）、葡萄糖酸盐（gluconate）、肌醇（inositol）、菊糖（inulin）、

2-酮基-葡萄糖酸盐(2-ketogluconate)、5-酮基-葡萄糖酸盐(5-ketogluconate)、乳糖(lactose)、D-木糖(D-lyxose)、D-甘露醇(D-mannitol)、α-甲基-D-甘露糖苷(methyl a-D-mannopyranoside)、蜜二糖(melibiose)、β-甲基-D-木糖苷(methyl b-D-xylopyranoside)、棉子糖(raffinose)、L-鼠李糖(L-rhamnose)、D-核糖(D-ribose)、山梨醇(sorbitol)、L-山梨醇(L-sorbose)、D-塔格糖(D-tagatose)、木糖醇(xylitol)和DL-木糖(DL-xylose)。细胞肽聚糖层含有L-二氨基肽蜜氨酸,丙氨酸,甘氨酸和谷氨酸。醌型主要以MK-9(H4)为主。脂肪酸是anteiso-$C_{15:0}$。极性脂质组成磷脂酰胆碱,二磷脂酰甘油,磷酸糖酯,4个未知极性脂类和7个未知糖脂。典型菌株YIM 2755^{T}自烤烟植物根部,属于植物内生菌。DNA G+C含量为66.6 mol%。菌株YIM 2755^{T}属于 *Sphingobacterium* 属的新种。

3.3.4 菌株YIM 7505^{T}的多相分类结果

3.3.4.1 菌株背景介绍

Flexivirga 属最早由Anzai等[14]报道,是从日本一家电镀厂废水处理设施附近的土壤样本中分离出的一种新型放线菌。本属隶属于真皮层科,在本报告归档前仅含有一种白蜡梅属植物。该属的主要化学分类学特征为以食糖-c16:0为主要细胞脂肪酸,以MK-8(H4)为呼吸性甲基萘醌类型,以磷脂酰甘油为主要极性脂质,以核糖、葡萄糖和半乳糖为主要细胞糖。细胞壁肽聚糖以1-赖氨酸作为二氨基酸。

内生菌是存在于植物活组织内的细菌,但并不会对植物造成实质性的伤害[15]。从云南省石林县印象烟草场采集的紫苏叶样品(103°21′51.8″E, 24°54′43.6″N)中分离到菌株YIM 7505T。按照Li et al[16]所述的方法对叶片样品进行清洗和消毒。随后,将这些样品在液氮中研磨,干燥后涂于分离培养基上,培养基中含有以下成分:酵母提取物(0.5 g/L)、天冬氨酸(2 g/L)、KNO_3(0.5 g/L)、$K_2HPO_4 \cdot 3H_2O$(0.5 g/L)、$MgSO_4 \cdot 7H_2O$(0.5 g/L)、$CaCO_3$(0.5 g/L)、NaCl(2 g/L)和微量盐溶液(1 mL),并添加nalidixic酸(25 mg/L)和nystatin(50 mg/L),以防止挑别的细菌和真菌生长。微量盐溶液由以下几种盐组成:$FeSO_4 \cdot 7H_2O$(0.02 g/L)、$MnCl_2 \cdot 2H_2O$(0.01 g/L)、$ZnSO_4 \cdot 7H_2O$(0.01 g/L)和$CuSO_4 \cdot 5H_2O$(0.01 g/L)。接种板在30 ℃孵育4周。选择一个橘黄色的菌落YIM 7505^{T}做进一步研究。菌株以20%(v/v)甘油悬浮液保存于-80 ℃。菌株YIM 7505^{T}分离自甜罗勒植物根内,分别从形态分析、分子进化、生理生化分析、化学分类等方面进行实验验证。

3.3.4.2 多相分类鉴定方法

由于菌株在大豆色氨酸琼脂(TSA, Difco)上生长较好,所以所有多相分类实验没有明确标定的都以TSA培养基进行测定。在相同的实验条件下,与型菌株 *Flexivirga alba* NBRC 107580^{T}同时进行试验。

1. 菌株形态特征观察

离株的表型特征主要采用扫描电镜的方法,选取在TSA培养基上生长5 d的菌株,制作菌悬液,用光学显微镜(Philips XL30)和扫描电镜(ESEM-TMP)对其进行了形态学表征。革兰氏染色采用3% KOH非染色法[17],取新鲜菌体,滴加2滴3%的KOH溶液于菌体之上,1 min之后,用竹签挑取菌体,若有黏丝状则判定为革兰氏阴性,若无则记录为革兰氏阳性。细胞的运动性是通过在含有半固态介质(0.6%琼脂)的试管中接种菌株,37℃培养3 d,观察菌株周边培养基中是否产生浑浊现象。

2. 菌株生长范围及测定

接种菌株于 TSA 培养基上,分别设定 4 ℃、15 ℃、20 ℃、28 ℃、30 ℃、32 ℃、37 ℃、42 ℃、45 ℃ 和 50 ℃ 培养天剑条件,培养 5 d,观察在不同温度条件下菌株的生长情况,判断菌株的生长温度范围。配制 0～10% NaCl（w/v）（间隔 0.5% 单位,0%、0.5%、1%、1.5%、2%、2.5%、3%、3.5%、4%、4.5%、5%、5.5%、6%、6.5%、7%、7.5%、8%、8.5%、9%、9.5%、10%）的 TSA 培养基,接种菌株于以上培养基上,37 ℃ 培养 5 d,观察菌株生长情况,以判断菌株 NaCl 浓度的耐受范围。首先配制不同 pH 梯度范围的缓冲体积(pH 4.0～5.0:0.1 M 柠檬酸/0.1 M 柠檬酸钠;pH 6.0～8.0: 0.1 M KH_2PO_4/0.1 M NaOH;pH 9.0～10.0: 0.1 M $NaHCO_3$/0.1 M Na_2CO_3),分别添加至 Tryptose Soy Broth（TSB,Difco）液体培养基中,115 ℃ 灭菌 20 min,分别选用 HCl、NaOH 调节 pH 为:4.0、4.5、5.0、5.5、6.0、6.5、7.0、7.5、8.0、8.5、9.0、9.5、10.0 的 TSA 液体培养基,无菌分装于 10 mL 螺口试管中;将测试菌株制成菌悬液,分别加入 50 μL 菌悬液于不同 pH 的液体培养基中,37 ℃ 条件下培养 5 d,观察菌株的生长情况,用以判断菌株的 pH 范围生长。

3.3.4.3　酶活测定

1. 水解酶实验

淀粉酶酶活检测培养基:可溶性淀粉 10 g,葡萄糖 0.5 g,磷酸二氢钾 0.5 g,氯化钠 0.5 g,硝酸钾 1 g,微量盐 1 mL,琼脂粉 15 g,蒸馏水 1 000 mL,pH 自然。

纤维素酶酶活检测培养基:羟甲基纤维素钠 2 g,葡萄糖 0.5 g,磷酸二氢钾 0.5 g,氯化钠 0.5 g,硝酸钾 1 g,微量盐 1 mL,琼脂粉 15 g,蒸馏水 1 000 mL,pH 自然。(羟甲基纤维素钠水浴加热溶解之后加入至培养基)

蛋白酶酶活检测培养基:脱脂牛奶 5 g,葡萄糖 0.5 g,磷酸二氢钾 0.5 g,氯化钠 0.5 g,硝酸钾 1 g,微量盐 1 mL,琼脂粉 15 g,蒸馏水 1 000 mL,pH 自然。(牛奶 105 ℃ 分开灭菌,倒板时混匀)

酯酶酶活检测培养基:吐温(20、40、60、80)10 g(与培养基分开灭菌,待培养基冷却至 60 ℃ 时,均匀混合倒平板),葡萄糖 0.5 g,磷酸二氢钾 0.5 g,氯化钠 0.5 g,硝酸钾 1 g,微量盐 1 mL,琼脂粉 15 g,蒸馏水 1 000 mL,pH 自然。

微量盐:硫酸铁 2 g,硫酸锰 1 g,硫酸锌 1 g,硫酸铜 1 g,蒸馏水 100 mL,pH 自然。

2. 其他酶活检测

取新鲜菌体于滤纸上,将氧化酶试剂(梅里埃,德国)滴加至菌体上,30 s 内观察菌株的颜色是否有紫色出现,若出现紫色记录为氧化酶阳性,若为原有菌株颜色则记录为氧化酶阴性。取新鲜菌体与玻璃平板上,将 3%（V/V）H_2O_2 试剂滴加至菌体上,若迅速有气泡产生测记录为过氧化氢酶阳性,若无气泡产生测记录为过氧化氢酶阴性。

3. 抗生素耐受实验

抗生素耐受实验主要选用药敏片平板检测方法[18]。将待测菌株制作成菌悬液,吸取 200 μL 菌悬液涂布于 TSA 培养基上,将待测药敏片贴于平板中央,37 ℃ 培养 5 d,观察药敏片周边是否存在抑菌圈,若有抑菌圈则说明菌株对该待测药敏片敏感,抑菌圈大小决定菌株对该待测菌株的敏感程度,若无抑菌圈则说明菌株对该待测药敏片不敏感。药敏片种类有:阿米卡星(Amikacin,30 μg)、头孢呋辛钠(Cefuroxime sodium,30 μg)、氯霉素(Chloramphenicol,30 μg)、环丙沙星(Ciprofloxacin,5 μg)、红霉素(Erythromycin,15 μg)、四环素(Tetracycline30 μg)、万古霉素(Vancomycin,30 μg)、庆大霉素(Gentamicin,10 μg)、多粘菌素 B(Polymyxin B,300 IU)敏感;对乙氢去甲奎宁(Ethylhydrocupreine,5 μg)、诺氟沙星(Norfloxacin,10 μg)、新生霉素(Novobiocin,30 μg)、奥西林(Oxacillin,1 μg)、青霉素(Penicillin,10IU)、哌拉西林(Piperacillin,100 μg)和联磺甲氧苄啶(Sulfamethoxazode/Trimethoprim,23.75/1.25 μg)。

4. API 试剂条检测

API 试剂条是由法国梅里埃公司所制造的,它引用了美国 FDA 细菌鉴定标准与欧洲药典的细菌鉴定标准,把非常复杂的生化反应过程做成轻巧便捷的小小试剂条。制造出了一套简易、快捷、科学的鉴定系统。目前已经广泛用于医疗、工业的微生物鉴定研究中。

本实验鉴定间作模式植物内生菌所用的试剂有 API 20NE 非发酵菌鉴定试剂条,API 20E 发酵菌鉴定试剂条。两者综合使用主要判断菌株对部分碳源的利用情况及部分酶活特性重合比对试剂条相同底物的小杯来增加实验的准确性提高可信度;API 50CH 芽孢杆菌/乳酸杆菌试剂条主要研究菌株发酵产酸的底物,这是一个变相的迷你的小型发酵实验,缩短了正常试验周期而且误差小;API ZYM 半微量酶活鉴定试剂条能够简单快速测定菌株与梅里埃公司设计的 20 种酶是否发生反应。将待测菌株制作成菌悬液,与 API 50CH 专用产酸检测培养基混合均匀,分别添加至 API 50CH 待测小槽中,37 ℃培养 4 d 后,观察颜色是否发生变化,若培养基颜色由红色变成黄色或者橙黄色,则表明菌株不能够利用相应底物产酸,若培养基颜色依旧为红色,则表明菌株能够利用相应底物且能够产酸,但不能说明菌株是否会利用相应的底物。添加生理盐水(0.8%)菌悬液及 API 20NE 专用培养基混合菌悬液于 API 20NE 试剂条的小槽内,37 ℃培养 4 d 后,添加相关试剂及观察培养基混合液是否澄清来判断菌株的酶活代谢特征及菌株利用底物生长情况。生理盐水(0.8%)混合菌悬液添加至 API ZYM 试剂条小杯中,37 ℃培养 24 h 或者 48 h,加入相关试剂,观察试剂条的颜色变化来判断菌株的酶活特征。

3.3.4.4 化学指标鉴定

1. 扫描电镜观察

选用 TSA 培养基 28 ℃培养 5 d,采用生理盐水制成菌悬液,2% 的戊二醛进行固定,40%、70%、90%、100% 的乙醇进行洗脱,喷金 200 s 后进行扫描电镜照相。图 3-22 为两株菌的扫描电镜照片。

2. 构建 16S rRNA 基因生物进化树

YIM 7505^T 与 *Flexivirga alba* NBRC 107580^T 的 16S rRNA 基因相似性为 98.4%,YIM 7505^T 的 16S rRNA 序列为:

```
  1 cagagtttga tcctggctca ggacgaacgc tggcggcgtg cttaacacat gcaagtcgaa
 61 cgatgaagga ccagcttgct ggtttggatt agtggcgaac gggtgagtaa cacgtgagta
121 accttccctt cactttggga taagccttgg aaacgggtc taataccggg tatgacacat
181 tgtcgcatgg tggtgtgtgg aaagcttttg tggtggagga tggactcgcg gcctatcagc
```

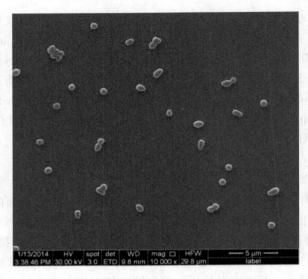

图 3-22 菌株 YIM 7505^T 扫描电镜照片

241 ttgatggtgg ggtagtggcc taccatggct ttgacgggta gccggcctga gagggtgacc
301 ggccacactg ggactgagac acggcccaga ctcctacggg aggcagcagt ggggaatatt
361 gcacaatggg cggaagcctg atgcagcgac gccgcgtggg ggatgacggc cttcgggttg
421 taaactcctt tcagcaggga cgaagctttt tgtgacggta cctgcagaag aagcaccggc
481 taactacgtg ccagcagccg cggtaatacg tagggtgcga gcgttgtccg gaattattgg
541 gcgtaaagag cttgtaggcg gtttgtcgcg tctgccgtga agcccaggg cttaaccctg
601 ggtctgcggt gggtacgggc aggctagagt gtggtagggg agactggaat tcctggtgta
661 gcggtgaaat gcgcagatat caggaggaac accgatggcg aaggcaggtc tctgggccac
721 tactgacgct gagaagcgaa agcatgggga gcgaacagga ttagataccc tggtagtcca
781 tgccgtaaac gttgggaact aggtgtgggc ctcattccac gaggtccgtg ccgtagctaa
841 cgcattaagt tccccgcctg gggagtacgg ccgcaaggct aaaactcaaa ggaattgacg
901 ggggcccgca caagcggcgg agcatgcgga ttaattcgat gcaacgcgaa gaaccttacc
961 aaggcttgac atacaccgga atgtgccaga gatggtgcag ccttcgggct ggtgtacagg
1021 tggtgcatgg ttgtcgtcag ctcgtgtcgt gagatgttgg gttaagtccc gcaacgagcg
1081 caaccctcgt tccatgttgc cagcacgtaa tggtggggac tcatgggaga ctgccggggt
1141 caactcggag gaaggtgggg atgacgtcaa atcatcatgc cccttatgtc ttgggcttca
1201 cgcatgctac aatggctggt acagagggtt gcgataccgt gaggtggagc gaatccctta
1261 aaactggtct cagttcggat tggggtctgc aactcgaccc catgaagttg gagtcgctag
1321 taatcgcaga tcagcaacgc tgcggtgaat acgttcccgg gccttgtaca caccgcccgt
1381 caagtcacga aagtcggtaa caccccgaagc cggtggccca acccttgtgg ggggagccgt
1441 cgaaggtggg atcggcgatt gggactaagt cgtaacaagg tagccgtacc ggaaggtgcg
1501 gctggatcac ctccta

采用 Mega 5.0 进行 16S rRNA 基因生物进化树,如图 3-23 ~ 图 3-25 所示,在 NJ、MP、ML 树中与 Flexivirga alba NBRC 107580^T 聚在同一分支中,明显区别于其他种属。结合与最相似菌株的 16S rRNA 基因相似度,从树中也可以看出这两株菌属于 Flexivirga 属的一个新种。

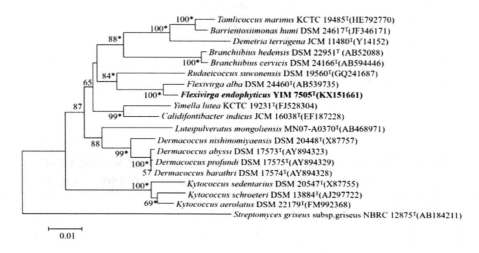

图 3-23 菌株 YIM 7505^T 与相近菌株 16S rRNA 基因序列构建 NJ 系统进化树

3. 生理生化特征

分别采用经典方法对 YIM 7505^T 与 Flexivirga alba NBRC 107580^T 进行温度、pH 生长范围、不同底物酶活性质、碳氮源利用等进行实验检测。部分结果如表 3-7 所示。

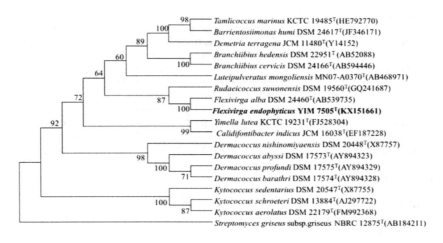

图 3-24 菌株 YIM 7505^T 与相近菌株 16S rRNA 基因序列构建 MP 系统进化树

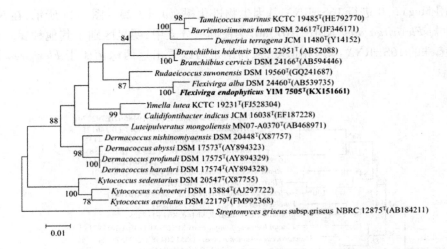

图 3-25　菌株 YIM 7505^T 与相近菌株 16S rRNA 基因序列构建 ML 系统进化树

表 3-7　菌株 YIM 7505^T 与 *Flexivirga alba* NBRC 107580^T 的生理生化特征比较

Character	1	2
Cell morphology（μm）	Cocci (0.6 - 0.8)	Cocci (0.5 - 1.0)
Isolation source	Leaf of Sweet Basil	Soil
Growth temperature(℃)		
Range	20 ~ 45	10 ~ 45
Optimum	28 ~ 35	28
pH for growth		
Range	5.0 ~ 8.0	5.0 ~ 9.0
Optimum	7.0	7.0 ~ 8.0
NaCl for growth（%, w/v）		
Range	0 ~ 7.0	0 ~ 6.0
Optimum	0 ~ 3.0	0 ~ 1.0
Catalase activity	+	−
Hydrolysis of:		
gelatin	−	+
tween 80	+	−
Utilization of:		

续表 3-7

Character	1	2
D-arabitol	−	+
arginine	+	−
D-fructose	+	−
D-fucose	−	+
lactose	−	+
D-ribose	−	+
DL-xylose	−	+
API ZYM		
α-fucosidase	−	+
β-galactosidase	−	+
lipase（C14）	−	+
API 20NE		
indole production	−	+
arginine dihydrolase	+	−
urease	+	−
Assimilation of L-arabinose	+	−
adipic acid	w	−
D-mannose	+	−
phenylacetic acid	+	−
trisodium citrate	+	−
API 50CH		
aesculin	+	−
D-arabitol	−	+
D-fructose	+	−
DL-fucose	−	+
D-ribose	−	+
DL-xylose	−	+
DNA G+C content（mol%）	66.7	67.2*

注：1 - YIM 7505^T；2 - *Flexivirga alba* NBRC 107580^T。所有菌株在 TSA 培养基上 37 ℃生长 5d。+实验结果阳性；-实验结果阴性。

4. 化学指标

分别对脂肪酸、醌型、细胞壁氨基酸、全细胞糖、极性酯等进行检测。表3-8 是两株菌与标准菌株脂肪酸类型统计，其中 iso-$C_{16:0}$ 为主要的脂肪酸类型，占 34% 和 43%。从脂肪酸的类型及主要脂肪酸种类来看，菌株 YIM 7505^T 与标准菌株 *Flexivirga alba* NBRC 107580^T 脂肪酸类型相似，主要脂肪酸类型一致。

表3-8 菌株 YIM 7505^T 与 *Flexivirga alba* NBRC 107580^T 的脂肪酸含量(%)

生理生化特征	1	2
细胞形态（μm）	球形（直径0.6~0.8）	球形（直径0.5~1.0）
分离生境	烤烟叶	土壤
温度生长范围(℃)	20~45	10~45
最适生长温度(℃)	28~35	28
pH 生长范围	5.0~8.0	5.0~9.0
最适 pH	7.0	7.0~8.0
NaCl 耐受范围(%, w/v)	0~7.0	0~6.0
最适 NaCl 浓度	0~3.0	0~1.0
过氧化氢酶	+	-
水解作用：		
明胶	-	+
吐温 80	+	-
碳氮源利用：		
阿拉伯醇	-	+
精氨酸	+	-
果糖	+	-
海藻糖	-	+
乳糖	-	+
核糖	+	木糖
API ZYM		
α-岩藻糖苷酶	-	+

续表 3-8

生理生化特征	1	2
β-半乳糖苷酶	-	+
脂肪酶(C14)	-	+
API 20NE		
吲哚产生	-	+
精氨酸水解	+	-
脲酶	+	-
阿拉伯糖同化	+	-
乙二酸利用	w	-
麦芽糖利用	+	-
苯乙酸利用	+	-
柠檬酸钠利用	+	-
API 50CH		
七叶灵	+	-
阿拉伯醇	-	+
果糖	+	-
海藻糖	-	+
核糖	-	+
木糖	-	+
DNA G+C 摩尔百分比含量(mol%)	66.7	67.2*

注：表示微生物脂肪鉴定系统中无法分离的 2~3 种脂肪酸的概括特征；概括特征 3 包括 C16:1 w7c/C16:1 w6c 和/或 C16:1 w6c/C16:1 w7c；概括特征 4 由 C17:1 iso I/anteiso B 和/或 C17:1 anteiso B/iso I 组成；概括特征 9 包括 C17:1 iso w9c 和/或 C16:0 10-methyl；-，未检测到或 <0.5%。

通过在高效液相色谱中的保留时间与标准菌株相比可以分析得出 YIM 7505^T 的醌型主要为 MK-8(H_4)。

图 3-26 是 YIM 7505^T 的极性酯检测结果，通过不同显色试剂显色分析得出 YIM 7505^T 的极性酯成分。薄层层析板(TLC)(a,c)：待跑完两个方向之后，首先喷磷钼酸盐试剂(molybdatophosphoric acid reagent)，紧接着在烘箱内 150 ℃ 加热 3 min 以判定菌株所有的极性酯。薄层层析板(TLC)(b,d)：待跑完两个方向之后，均匀喷洒 α-萘酚试剂(α-naphthol reagent)，紧接着在烘箱内 100 ℃ 加热 3 min，通过颜色变化以判定菌株所有的极性磷脂，极性糖酯。YIM7505^T 极生酶包含磷脂醇(Phosphatidylethanolamine)；图中，未知糖酯(unknown glycolipids, GL1-3)；未知磷脂(unknown phospholipids, PL1-11)。

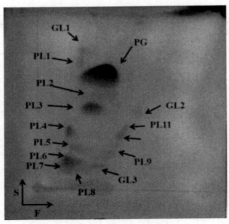
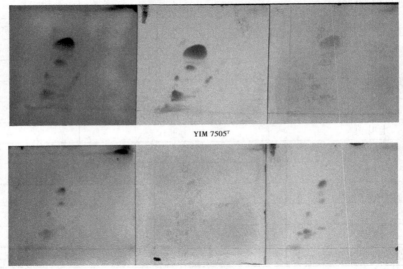

注:PE,磷脂酰乙醇胺(Phosphatidylethanolamine);GL1-3,unknown glycolipids;PL1-11,未知糖酯(unknown glycolipids);F,薄层层析板跑板第一向;S,薄层层析板跑板第二向。

图 3-26　YIM 7505^T 与 *Flexivirga alba* NBRC 107580^T 的极性脂

3.3.4.5　保藏机构提供保藏证明

分别联系中国普通微性生物菌种保藏管理中心(China General Microbiological Culture Collection Center, CGMCC)、日本微生物收集管理中心(Japan Collection of Microorganisms, JCM)、韩国微生物保藏管理中心(Korean Collection for Type Cultures, KCTC)和德国微生物和细胞保藏管理中心(German Collection of Microorganisms and Cell Cultures GmbH, DSMZ)申请并提供相关菌株的纯培养物及 16S rRNA 基因克隆序列,待对方活化出菌株且 16S rRNA 基因克隆序列验证结果吻合之后,中国普通微生物菌种保藏管理中心开具相关保藏证明。YIM 7505^T 的保藏号为 CGMCC 1.15085、JCM 30628、KCTC 、DSM 29934;保藏证明如图 3-27 所示。

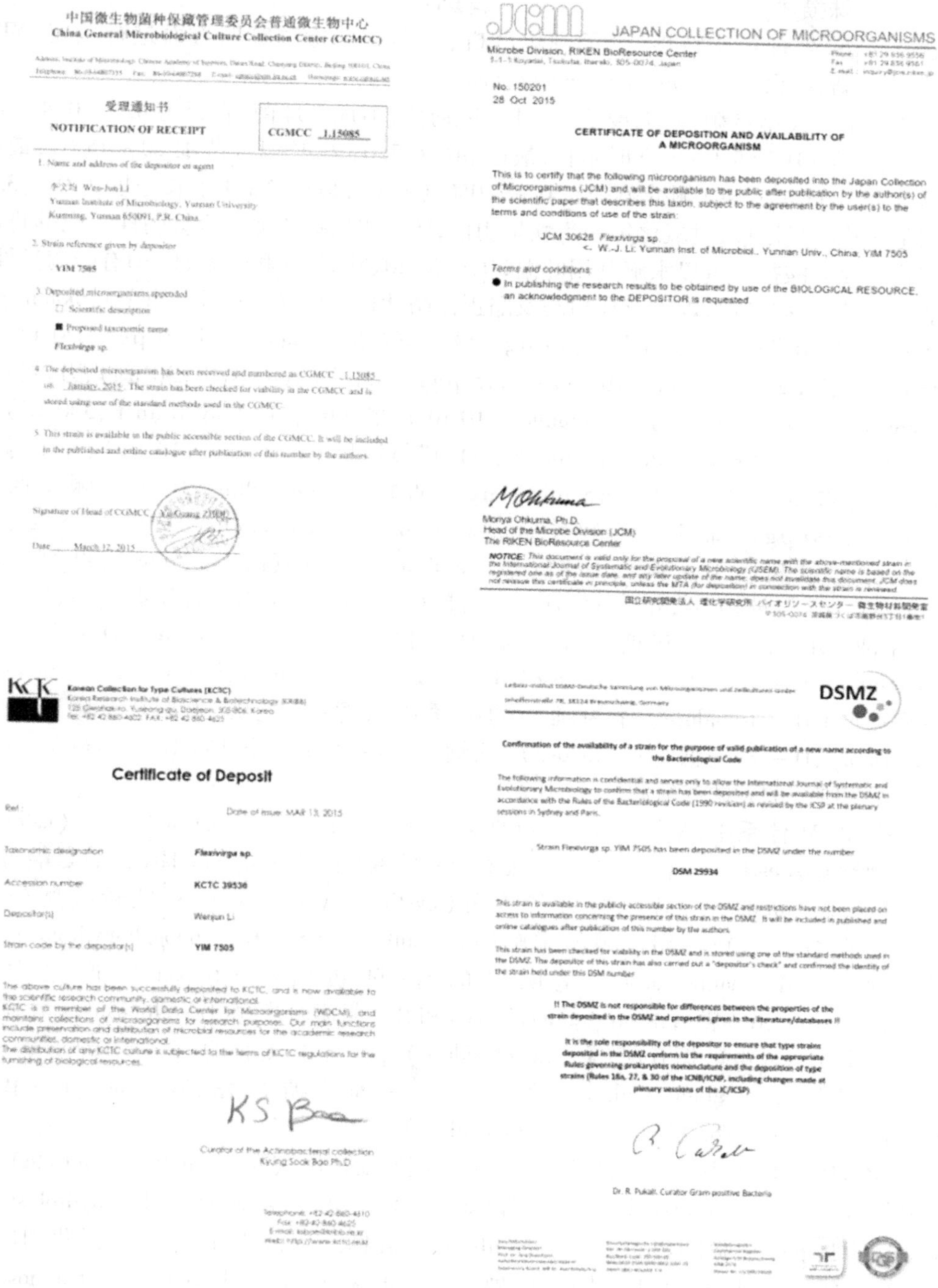

中国微生物菌种保藏管理委员会普通微生物中心
China General Microbiological Culture Collection Center (CGMCC)

受理通知书
NOTIFICATION OF RECEIPT

CGMCC 1.15085

1. Name and address of the depositor or agent

李文均 Wen-Jun Li
Yunnan Institute of Microbiology, Yunnan University
Kunming, Yunnan 650091, P.R. China

2. Strain reference given by depositor

YIM 7505

3. Deposited microorganisms appended

☐ Scientific description

■ Proposed taxonomic name

Flexivirga sp.

4. The deposited microorganism has been received and numbered as CGMCC 1.15085 on January, 2015. The strain has been checked for viability in the CGMCC and is stored using one of the standard methods used in the CGMCC.

5. This strain is available in the public accessible section of the CGMCC. It will be included in the published and online catalogue after publication of this number by the authors.

Signature of Head of CGMCC Xiu-Guang ZHOU

Date March 12, 2015

JAPAN COLLECTION OF MICROORGANISMS
Microbe Division, RIKEN BioResource Center

No. 150201
28 Oct 2015

CERTIFICATE OF DEPOSITION AND AVAILABILITY OF A MICROORGANISM

This is to certify that the following microorganism has been deposited into the Japan Collection of Microorganisms (JCM) and will be available to the public after publication by the author(s) of the scientific paper that describes this taxon, subject to the agreement by the user(s) to the terms and conditions of use of the strain:

JCM 30628 *Flexivirga* sp.
<- W.-J. Li; Yunnan Inst. of Microbiol., Yunnan Univ., China; YIM 7505

Terms and conditions:

● In publishing the research results to be obtained by use of the BIOLOGICAL RESOURCE, an acknowledgment to the DEPOSITOR is requested.

Moriya Ohkuma, Ph.D.
Head of the Microbe Division (JCM)
The RIKEN BioResource Center

NOTICE: *This document is valid only for the proposal of a new scientific name with the above-mentioned strain in the International Journal of Systematic and Evolutionary Microbiology (IJSEM). The scientific name is based on the registered one as of the issue date, and any later update of the name, does not invalidate this document. JCM does not reissue this certificate in principle, unless the MTA (for deposition) in connection with the strain is renewed.*

国立研究開発法人 理化学研究所 バイオリソースセンター 微生物材料開発室

Korean Collection for Type Cultures (KCTC)
Korea Research Institute of Bioscience & Biotechnology (KRIBB)

Certificate of Deposit

Ref :　　Date of issue: MAR 13, 2015

Taxonomic designation	**Flexivirga sp.**
Accession number	**KCTC 39536**
Depositor(s)	Wenjun Li
Strain code by the depositor(s)	**YIM 7505**

The above culture has been successfully deposited to KCTC, and is now available to the scientific research community, domestic or international.
KCTC is a member of the World Data Center for Microorganisms (WDCM), and maintains collections of microorganisms for research purposes. Our main functions include preservation and distribution of microbial resources for the academic research communities, domestic or international.
The distribution of any KCTC culture is subjected to the terms of KCTC regulations for the furnishing of biological resources.

Curator of the Actinobacterial collection
Kyung Sook Bae Ph.D

DSMZ

Confirmation of the availability of a strain for the purpose of valid publication of a new name according to the Bacteriological Code

The following information is confidential and serves only to allow the International Journal of Systematic and Evolutionary Microbiology to confirm that a strain has been deposited and will be available from the DSMZ in accordance with the Rules of the Bacteriological Code (1990 revision) as revised by the ICSP at the plenary sessions in Sydney and Paris.

Strain Flexivirga sp. YIM 7505 has been deposited in the DSMZ under the number

DSM 29934

This strain is available in the publicly accessible section of the DSMZ and restrictions have not been placed on access to information concerning the presence of this strain in the DSMZ. It will be included in published and online catalogues after publication of this number by the authors.

This strain has been checked for viability in the DSMZ and is stored using one of the standard methods used in the DSMZ. The depositor of this strain has also carried out a "depositor's check" and confirmed the identity of the strain held under this DSM number.

!! The DSMZ is not responsible for differences between the properties of the strain deposited in the DSMZ and properties given in the literature/databases !!

It is the sole responsibility of the depositor to ensure that type strains deposited in the DSMZ conform to the requirements of the appropriate Rules governing prokaryotes nomenclature and the deposition of type strains (Rules 18a, 27, & 30 of the ICNB/ICNP, including changes made at plenary sessions of the JC/ICSP)

Dr. R. Pukall, Curator Gram positive Bacteria

图 3-27　菌株 YIM 7505^{T}保藏证明

3.3.4.6 菌株描述

通过形态、生理生化特性、分子进化分析、化学指标检测等四方面进行鉴定，YIM 7505^T 为属的新种，命名为 *Flexivirga endophytica*。

菌株为革兰氏染色阳性,无鞭毛,不具有运动性,不规则球菌,直径为 0.6~0.8 μm。好氧生长,可在 pH 为 5.0~8.0 时生长,最适 pH 为 7.0;生长温度范围 20~45 ℃,最适生长温度 28~35 ℃;NaCl 耐受范围在 0~7.0% (w/v),最适 NaCl 生长浓度为 0~3.0%。细胞氧化酶呈阳性,过氧化氢酶活性呈阴性,H_2S 和吲哚产生实验呈阴性。能够将硝酸盐转化为亚硝酸盐。可以水解利用吐温 20、吐温 40、吐温 60 和吐温 80,即有酯酶活性;但不能水解淀粉、酪蛋白,即没有淀粉酶及酪蛋白酶活性。菌株对阿米卡星(Amikacin,30 μg)、头孢呋辛钠(Cefuroxime sodium,30 μg)、氯霉素(Chloramphenicol,30 μg)、环丙沙星(Ciprofloxacin,5 μg)、红霉素(Erythromycin,15 μg)、四环素(Tetracycline30 μg)、万古霉素(Vancomycin,30 μg)、庆大霉素(Gentamicin,10 μg)、多粘菌素 B(Polymyxin B,300 IU)敏感;对乙氢去甲奎宁(Ethylhydrocupreine,5 μg)、诺氟沙星(Norfloxacin,10 μg)、新生霉素(Novobiocin,30 μg)、奥西林(Oxacillin,1μg)、青霉素(Penicillin, 10 IU)、哌拉西林(Piperacillin,100 μg)和联磺甲氧苄啶(Sulfamethoxazode/Trimethoprim,23.75/1.25 μg)不敏感。菌株可以利用 D-阿拉伯糖(D-arabinose)、精氨酸(arginine)、纤维二糖(cellobiose)、D-果糖(D-fructose)、D-葡萄糖(D-glucose)、L-谷氨酸(L-glutamic acid)、甘油(glycerol)、麦芽糖(maltose)、D-甘露糖(D-mannose)、D-甘露醇(D-mannitol)、L-鼠李糖(L-rhamnose)、L-丝氨酸(L-serine)、D-蔗糖(D-sucrose)和 D-海藻糖(D-trehalose)作为唯一的碳源或氮源;不能够利用 D-阿拉伯醇(D-arabitol)、D-岩藻糖(D-fucose)、乳糖(lactose)、D-核糖(D-ribose)、木糖(xylose)作为唯一的碳源或氮源。

在 API ZYM 体系中,呈阳性的有:碱性磷酸酶(alkaline phosphatase)、酯酶(esterase C4)、酯酶脂肪酶(esterase lipase C8)、亮氨酸芳基胺酶(leucine arylamidase)、缬氨酸芳基胺酶(valine arylamidase)、胱氨酸芳基胺酶(cystine arylamidase)、酸性磷酸酶(acid phosphatase)、萘酚-AS-BI-磷酸水解酶(naphthol-AS-BI-phosphohydrolase)和 β-半乳糖甙酶(β-mannosidase);呈阴性的有:胰蛋白酶(trypsin)、糜蛋白酶(a-chymotrypsin)、α-糖苷酶(α-glucosidase)和 β-葡萄糖苷酶(β-glucosidase);脂肪酶(lipase C14)、α-半乳糖苷酶(a-galactosidase)、β-半乳糖苷酶(β-galactosidase)、β-糖醛酸甙酶(β-glucuronidase)、N-乙酰-葡萄糖胺酶(N-acetyl-β-glucosaminidase)、α-半乳糖甙酶(α-mannosidase)。

在 API 20NE 体系中,实验结果呈阳性的有:硝酸盐还原实验(reduction of nitrate)、精氨酸水解酶(arginine dihydrolase)、脲酶(urease)、七叶树素水解实验(hydrolysis of aesculin)、明胶水解实验(hydrolysis of aesculin)、半乳糖苷酶(galactosidase);同化利用同化 d-葡萄糖(D-glucose)、l-阿拉伯糖(L-arabinose)、d-甘露糖(D-mannose)、d-甘露醇(D-mannitol)、N-乙酰氨基葡萄糖(N-acetylglucosamine)、麦芽糖(maltose)、葡萄糖酸钾(potassium gluconate)、己二酸(adipic acid)、苹果酸(malic acid)、柠檬酸三钠(trisodium citrate)和苯乙酸(phenylacetic acid)。

在 API 50 CHB 体系中,能利用以下碳源底物产酸:N-乙酰-葡糖胺(N-acetyl-N-glucosamine adonitol)、七叶灵(aesculi)、DL-阿拉伯糖(DL-arabinose)、D-纤维二糖(D-cellobiose)、D-果糖(D-fructose)、D-葡萄糖(D-glucose)、甘油(glycerol)、5-酮基-葡萄糖酸盐(5-ketogluconate)、D-木糖(D-lyxose)、D-甘露醇(D-mannitol)、L-鼠李糖(L-rhamnose)、D-蔗糖(D-sucrose)、D-海藻糖(D-trehalose)、D-松二糖(D-turanose)、D-熊果甙(D-arbutin);不能利用以下碳源作为底物产酸:龙胆二糖(gentiobiose)、肝糖(glycogen)、麦芽糖(maltose)、D-甘露糖(D-mannose)、α-甲基-D-葡萄糖甙(methyl a-D-glucopyranoside salicin)、淀粉(starch)、苦杏仁甙(amygdalin)、DL-阿拉伯糖醇(DL-arabitol)、DL-半乳糖醇(DL-dulcitol)、DL-半乳糖(D-galactose)、赤藓糖醇(erythritol)、葡萄糖酸盐(gluconate)、肌醇(inositol)、菊糖(inulin)、2-酮基-葡萄糖酸盐(2-ketogluconate)、乳糖(lactose)、α-甲基-D-甘露糖甙(methyl a-D-mannopyranoside)、蜜二糖(melibiose)、β-甲基-D-木糖甙(methyl b-D-xylopyranoside)、棉子糖(raffinose)、D-核糖(D-ribose)、山梨醇(sorbitol)、L-山梨醇(L-sorbose)、D-塔格糖(D-tagatose)、木糖醇(xylitol)。细胞肽聚糖层含有丝氨酸、丙氨酸、甘氨酸、谷氨酸、赖氨酸。醌型主要以 MK-8(H4)为主。主要的脂肪酸是 anteiso-$C_{15:0}$。极性脂质组成双磷脂酰甘油(diphosphatidylglycerol)、磷脂酰甘油(phosphatidylglycerol),7 个未知极性磷脂类、4 个未知糖脂、1 个未知含氨基极性酯和 1 个含氨基磷酸。典型菌株 YIM 7505^T 自烤烟植物根部。属于植物内生菌。DNA G+C 含量为 66.67 mol%。菌株 YIM 7505^T 属于 *Flexivirga* 属的新种分类单元。

3.3.5 菌株 516 的多相分类鉴定

3.3.5.1 菌株 516 的形态学特征

透射电镜图片(见图 3-28、图 3-29)显示,在 516 固体培养基上 37 ℃条件下生长 14 d 形态为球状,无鞭毛。大小大为 0.6~0.9 μm。菌落周边分泌大量胞外分泌物。在 0% 条件下,菌株外形具有较大的变化,许多细胞已经严重变形,所以菌株 516 在低渗条件下自我保护机制较差。

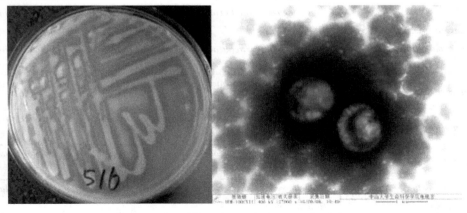

图 3-28 嗜盐古菌 516 平板及透射电镜形态

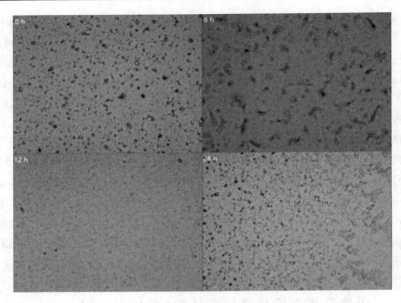

图 3-29 嗜盐古菌 516 低渗条件下光学显微镜形态(40 倍)

3.3.5.2 菌株 516 的系统发育树

1. 菌株 516 的 16S rRNA 基因对比结果

通过 EzCloud 网站进行 16S rRNA 基因序列对比,发现 516 与 *Halomarina rubra* 最相似,相似率为 95.76%;其次是 *Halomarina oriensis*,相似率为 95.47%;最后是 *Halomarina salina*,相似率为 94.30%。516 与 3 个不同的属的相似性都均低于 96%、高于 93%,很有可能是一个新种级分类单元。具体 16S rRNA 基因比对信息如表 3-9 所示。

表 3-9 嗜盐古菌 516 16S rRNA 基因比对结果

相似菌株	相似(%)	相似菌株分类地位
Halomarina rubra	95.76	Archaea;Euryarchaeota;Halobacteria;Halobacteriales;Halobacteriaceae;Halomarina
Halomarina oriensis	95.47	Archaea;Euryarchaeota;Halobacteria;Halobacteriales;Halobacteriaceae;Halomarina
Halomarina salina	94.30	Archaea;Euryarchaeota;Halobacteria;Halobacteriales;Halobacteriaceae;Halomarina
Salinirubrum litoreum	91.81	Archaea;Euryarchaeota;Halobacteria;Haloferacales;Haloferacaceae;Salinirubrum
Halorussus litoreus	91.81	Archaea;Euryarchaeota;Halobacteria;Halobacteriales;Halobacteriaceae;Halorussus
Salinirubellus salinus	91.80	Archaea;Euryarchaeota;Halobacteria;Halobacteriales;Halobacteriaceae;Salinirubellus
Halomicrobium katesii	91.23	Archaea;Euryarchaeota;Halobacteria;Halobacteriales;Haloarculaceae;Halomicrobium
Halorientalis regularis	91.08	Archaea;Euryarchaeota;Halobacteria;Halobacteriales;Haloarculaceae;Halorientalis

2. 嗜盐古菌 516 的系统进化树分析

分别构建 16S rRNA 基因系统进化树 NJ（见图 3-30）、MP（见图 3-31）、ML（见图 3-32），综合比较三种系统进化树，发现嗜盐古菌 516 单独聚在一个分支上，与其他属能够明显分离开且距离较远，结合 16S rRNA 基因序列比对结果，结合 16S rRNA 基因序列比对结果及综合 16S rRNA 基因系统进化树分析，初步判断嗜盐古菌 516 有可能是一个新属级分类单元。具体分类地位的最终确定，还需要结合生理生化及化学指标进一步确定。

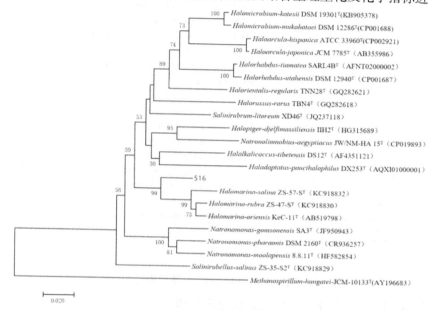

图 3-30 菌株 516 的 16S rRNA 基因系统进化 NJ 树

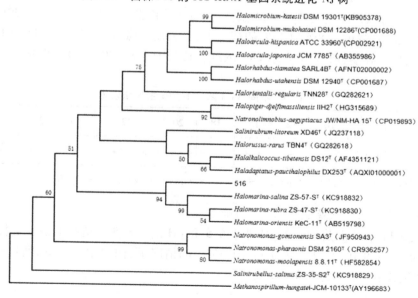

图 3-31 菌株 516 的 16S rRNA 基因系统进化 MP 树

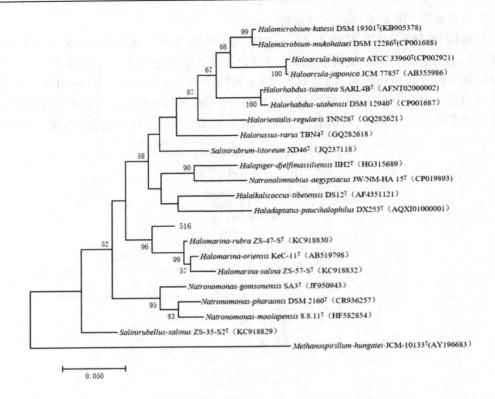

图 3-32 菌株 516 的 16S rRNA 基因进化 ML 树

3.3.5.3 菌株 516 的生理生化特征实验结果及分析

1. NaCl 生长,范围及最适生长浓度确定

由表 3-10 可以很明显地看到,516 菌株在 NaCl 浓度低于 8% 和浓度高于 30% 的情况下都不再生长。在浓度为 8% 和 30% 的情况下,生长比较微弱;在 NaCl 浓度为 18～20% 时,菌株生长最为旺盛,所以菌株的 NaCl 浓度生长范围为 8～30%,最适生长浓度为 18～20%。

表 3-10 不同 NaCl 浓度下 516 生长结果（%）

NaCl 浓度	5	8	10	12	15	18	20	22	25	28	30	32
516	-	(+)	+	+	++	+++	+++	++(+)	++	++	+	-

注:表中 - 表示不生长,(+)表示微弱生长, + 表示生长, + + 表示生长较好, + + + 表示生长好。

2. pH 生长范围以及最适生长 pH 的确定

根据表 3-11 嗜盐古菌 516 在 pH 低于 6.5 和 pH 高于 8.5 的情况下都不生长,所以其生长范围为 6.5～8.0,在 pH = 7.0 和 pH = 7.5 的情况下,菌株生长良好,所以嗜盐古菌 516 的最适生长 pH 范围为 7.0～7.5。

表 3-11　不同 pH 条件下 516 生长结果

pH	4.0	5.0	6.0	6.5	7.0	7.5	8.0	8.5	9.0	9.5	10.0
516	-	-	-	+	++	++	+	-	-	-	-

注:表中 - 表示不生长,(+)表示微弱生长, + 表示生长, + + 表示生长较好, + + + 表示生长好。

3. 温度生长范围及最适生长温度的确定

由实验方案可知,温度实验共设置 7 个(25 ℃、30 ℃、37 ℃、45 ℃、50 ℃、52 ℃、55 ℃)梯度,最终结果见图 3-33。

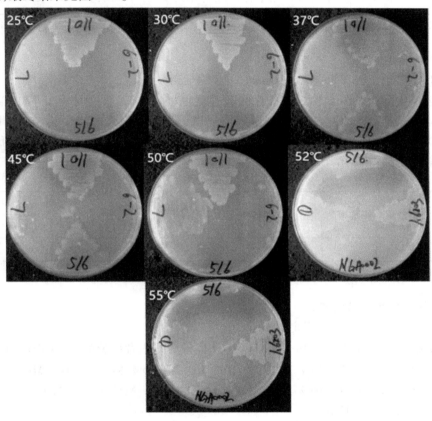

图 3-33　不同温度下菌种的生长情况

由表 3-12 可知:菌株 516 在培养温度为 30 ℃和 55 ℃的情况下,生长极其微弱,在培养温度为 37 ~ 50 ℃的情况下,生长旺盛。所以菌株 516 的生长温度范围为 30 ~ 55 ℃,最适生长温度为 37 ~ 50 ℃。

表 3-12　不同温度下 516 生长结果

温度(％)	25	30	37	45	50	52	55
生长情况	-	(+)	+ + +	+ + +	+ + +	+ (+)	(+)

注:表中 - 表示不生长,(+)表示微弱生长, + 表示生长, + + 表示生长较好, + + + 表示生长好。

4.碳源利用实验

根据不同碳氮源下 516 生长结果(表 3-13),嗜盐古菌 516 可以利用甘露糖、麦芽糖、纤维二糖、鼠李糖、半乳糖、海藻糖、山梨糖、甘油、蔗糖、淀粉、琥珀酸钠作为其生长的唯一碳源;不能利用核糖、山梨糖、甘露醇糖等作为其生长的唯一碳源。

表 3-13 不同碳氮源下 516 生长结果

碳源	利用	甘露糖、麦芽糖、纤维二糖、鼠李糖、半乳糖、海藻糖、山梨糖、甘油、蔗糖、淀粉、琥珀酸钠
	不利用	核糖、山梨糖、甘露糖醇、丙酮酸钠、柠檬酸钠、苹果酸钠、延胡索酸那

注:表中 − 表示不生长,(+)表示微弱生长, + 表示生长, + + 表示生长较好, + + + 表示生长好。

5.酶活性测定

经过实验测定,胞外酶活检测结果如表 3-14 所示。

由表 3-14 可知,516 菌株具有氧化酶和过氧化氢酶的活性,同时对于 T20、T40、T60、T80 都具有酶的活性,前三者的活性比较强,所以该菌株有很强的脂酶活性,不具有淀粉酶、纤维素酶、蛋白酶的活性,即该菌株是氧化酶、过氧化氢酶和脂酶的酶活菌,不是淀粉酶、纤维素酶、蛋白酶的酶活菌。

表 3-14 菌株 516 胞外酶活检测结果

酶	淀粉酶	纤维素酶	蛋白酶	氧化酶	过氧化氢酶	脂酶			
						T20	T40	T60	T80
酶活	−	−	−	+	+	+ + +	+ +	+ +	+

注:表中 − 表示不生长,(+)表示微弱生长, + 表示生长, + + 表示生长较好, + + + 表示生长好。

6.菌株生理生态功能研究

1)不同盐种类及其浓度测定

根据实验需求,使用 KCl 和 $MgCl_2 \cdot 6H_2O$ 代替全部或者部分的 NaCl 来进行实验,实验分为:1—10% NaCl;2—20% NaCl、3—10% KCl、4—20% KCl、5—10% $MgCl_2 \cdot 6H_2O$、6—20% $MgCl_2 \cdot 6H_2O$、7—10% NaCl + 10% KCl、8—10% NaCl + 10% $MgCl_2 \cdot 6H_2O$ 8 个部分,实验结果如下表所示。

由表 3-15 可知:在完全没有 NaCl 的情况下,菌株无论是在 KCl 还是在 $MgCl_2 \cdot 6H_2O$ 作为唯一无机盐的情况下,都不生长,所以 KCl 或者是 $MgCl_2 \cdot 6H2O$ 不能作为该菌株生长唯一的无机盐,通过 20% NaCl 和 10% NaCl + 10% KCl 对比可知,在 10% NaCl 的情况下,另加入 10% KCl 后进菌株生长良好,与 20% NaCl 相比没有明显差异。通过 20 % NaCl 和 10% NaCl + 10% $MgCl_2 \cdot 6H_2O$ 的对比可知,在 10% NaCl 的情况下,另加入 10% $MgCl_2 \cdot 6H_2O$ 后进菌株生长不好,与 20% NaCl 相比有明显差异,由此可得,在 NaCl、KCl 和 $MgCl_2 \cdot 6H_2O$ 中,该菌株生长所需大量的 NaCl,在具有生长所需 NaCl 的情况下,KCl 对其生长具有良好的辅助作用,而 $MgCl_2 \cdot 6H_2O$ 则相对较差,甚至出现抑制作用。

表3-15 不同盐种类及不同浓度下516生长结果

组别	1	2	3	4
生长情况	++	+++	−	−
组别	5	6	7	8
生长情况	−	−	+++	+(+)

注：表中 − 表示不生长，(+)表示微弱生长，+表示生长，++表示生长较好，+++表示生长好。

2）抗生素耐受实验检测

根据实验方案，共检测菌株对14中抗生素的耐受性，分别为：1—红霉素(Erythromycin, E, 15 μg)；2—制霉菌素(Nystatin dihy drate, NY, 100 μg)；3—多粘菌素B(Polymyxin B, PB, 300IU)；4—庆大霉素(Gentamicin, GM, 10 μg)；5—诺氟沙星(Norfloxacin, NOR, 10 μg)；6—新生霉素(Novobiocin, NV, 30 μg)；7—氨苄西林(Ampicillin, AM, 10 μg)；8—氯霉素(Chloramphenicol, C, 30 μg)；9—杆菌肽(Bacitracin, BAC, 0.04U)；10—利福平(Rifampicin, RA, 5 μg)；11—新霉素(Neomycin, N, 30 μg)；12—卡那霉素(Kanamycin, K, 30 μg)；13—万古霉素(Vancomycin, VA, 30 μg)；14—四环素(Tetracycline, TE, 30 μg)。由表3-16实验数据可知，只有制菌霉素对该菌株具有抑制作用，而红霉素、多粘菌素B、庆大霉素、诺氟沙星、新生霉素、氨苄西林、氯霉素、杆菌肽、利福平、新霉素、卡那霉素、万古霉素以及四环素对其都没有抑制作用。制霉菌素是抗真菌的抗生素，作用原理是与真菌细胞膜上的固醇相结合，使得细胞膜的通透性改变，引起菌株死亡。制霉菌素对菌株抑制作用明显说明菌株的细胞膜在一定程度上与真菌较为相似。

表3-16 菌株516药敏实验实验结果

抗生素类型	1	2	3	4	5	6	7	8	9	10	11	12	13	14
是否有抑菌圈	−	+	−	−	−	−	−	−	−	−	−	−	−	−

注：表中 − 代表没有抑菌圈，+ 代表有抑菌圈。

3）重金属耐受实验

根据实验需求，检测该菌株对于四种重金属的耐受情况，分别为 Cu^{2+}、Mn^{2+}、Zn^{2+} 和 Cd^{2+}，其实验结果如下：

(1) Cu^{2+} 耐受实验(以 $CuCl_2 \cdot 2H_2O$ 为底物)。

嗜盐古菌516 Cu^{2+} 耐受实验实验结果如图3-34所示。

由表3-17可知，$CuCl_2 \cdot 2H_2O$ 浓度在 10 mg/L 时，菌株会生长，同时生长比较旺盛，当浓度变为 30 mg/L 时，菌株就不再生长，由此可知，Cu离子对该菌株具有极强的抑制作用。该菌株对 $CuCl_2 \cdot 2H_2O$ 的最大耐受浓度为 10~30 mg/L。

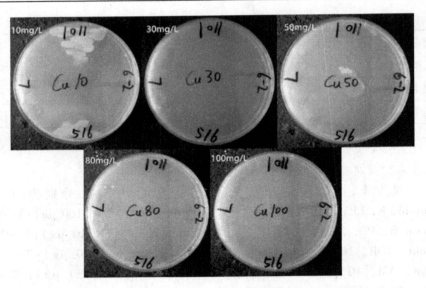

图 3-34　不同 $CuCl_2 \cdot 2H_2O$ 浓度下菌株 516 生长情况

表 3-17　不同 $CuCl_2 \cdot 2H_2O$ 浓度下菌株 516 生长结果

浓度	10 mg/L	30 mg/L	50 mg/L	80 mg/L	100 mg/L
生长情况	+	−	−	−	−

注：表中 − 表示不生长，(+)表示微弱生长，+ 表示生长，+ + 表示生长较好，+ + + 表示生长好。

（2）Mn^{2+} 耐受实验（$MnCl_2 \cdot 4H_2O$ 为底物）。

嗜盐古菌 Mn^{2+} 耐受实验结果如图 3-35 所示。

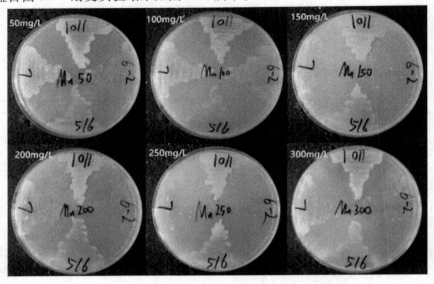

图 3-35　不同 $MnCl_2 \cdot 4H_2O$ 浓度下菌株 516 生长情况

由下表3-18可知,在 $MnCl_2·4H_2O$ 由 50 mg/L 逐渐提高到 300 mg/L 的过程中,对菌株的生长都没有明显的影响。和普通的 MG 培养基的生长情况对比可知:300 mg/L 以及 300 mg/L 以下的 $MnCl_2·4H_2O$ 对该菌株的生长几乎没有影响。在之后进行的扩大实验中,当 $MnCl_2·4H_2O$ 浓度提高到 400 mg/L,菌株生长情况依然旺盛。

表 3-18　不同 $MnCl_2·4H_2O$ 浓度下菌株 516 生长结果

浓度（mg/L）	50	150	200	250	300	350	400
生长情况	+++	+++	+++	+++	+++	+++	+++

注:表中 – 表示不生长,(+)表示微弱生长, + 表示生长, + + 表示生长较好, + + + 表示生长好。

(3) Cd^{2+} 耐受实验(以 $3CdSO_4·8H_2O$ 为底物)。

菌株 516 Cd^{2+} 耐受实验结果如图 3-36 所示。

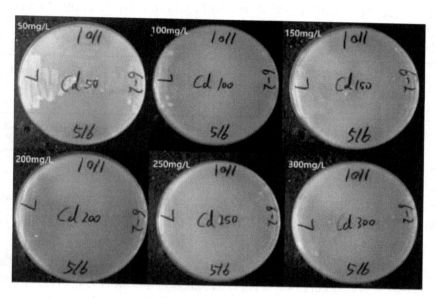

图 3-36　不同 $3CdSO_4·8H_2O$ 浓度下菌株 516 生长情况

由表 3-19 可知,无论是在 50 mg/L 的低浓度情况下,还在 300 mg/L 得较高浓度下,菌株都不生长,所以 Cd 离子对该菌株具有极强的抑制作用。

表 3-19　不同 $3CdSO_4·8H_2O$ 浓度下菌株 516 生长

浓度（mg/L）	50	100	150	200	250	300
生长情况	–	–	–	–	–	–

注:表中 – 表示不生长,(+)表示微弱生长, + 表示生长, + + 表示生长较好, + + + 表示生长好。

(4) Zn^{2+} 耐受实验(以 $ZnCl_2$ 为底物)。

菌株 516 Zn^{2+} 耐受实验实验结果如图 3-37 所示。

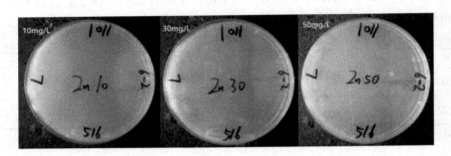

图 3-37 不同 $ZnCl_2$ 浓度下菌株 516 生长情况

由表 3-20 可知,在 $ZnCl_2$ 浓度为 10 mg/L 时,菌株会生长,在 $ZnCl_2$ 浓度为 30 mg/L 时,菌株依然生长,当 $ZnCl_2$ 浓度达到 50 mg/L 时,菌株几乎不再生长,所以 Zn 离子对该菌株有较强的抑制作用。该菌株生长所能耐受的最大 $ZnCl_2$ 浓度为 30~50 mg/L。

表 3-20 不同 $ZnCl_2$ 浓度下菌株 516 生长结果

浓度	10 mg/L	30 mg/L	50 mg/L
生长情况	+	+	-

注:表中 - 表示不生长,(+)表示微弱生长, + 表示生长, + + 表示生长较好, + + + 表示生长好。

4) 磷代谢特性检测

(1) 溶磷作用检测。

根据实验方案对菌株进行溶磷特性检测,实验以磷酸三钙为底物,进行对嗜盐古菌 SYSU A00711 溶磷作用的检测,经 37 ℃培养 20 d 后菌落周围没有出现透明圈,故初步断定该菌株没有溶磷作用。

(2) 固磷作用检测。

根据实验方案对菌株进行固磷特性检测,实验以羟基磷灰石为底物,进行对嗜盐古菌 SYSU A00711 固磷作用的检测,经 37 ℃培养 20 d 后菌落周围没有出现透明圈,故初步断定该菌株没有固磷作用。

5) 极性脂分析

根据图 3-38、图 3-39 可知,菌株 516 的极性脂中含有 4 种磷脂:磷脂酰甘油磷酸甲基脂(PGP - Me,)、磷脂酰甘油硫酸(PGS)、磷脂酰甘油(PG)和 1 种未知脂类(PA);6 种糖脂:硫酸二糖基二醚(S - DGD - 1) 和二糖基二醚(DGD - 1)和 4 种未知糖脂(UGL1,UGL2,UGL3,UGL4)。

3.3.5.4 菌株生理生化特性汇总

菌株 516 与标准菌株 *Halomarina oriensis* 理化指标对比分析,总结差异特征如表 3-21 所示。

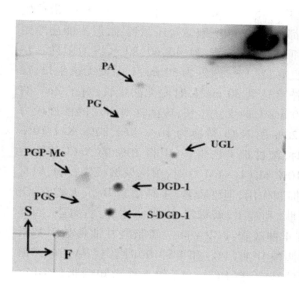 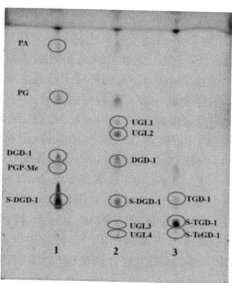

图 3-38　菌株 516 极性脂的双向薄层层析　　图 3-39　菌株 516 极性脂的单向薄层层析

注:磷脂酰甘油(Phosphatidylglycerol, PG);磷脂酰甘油磷酸甲基酯(Phosphatidylglycerol phosphate methyl ester, PGP-Me);磷脂酰甘油硫酸(Phosphatidylglycerol sulfate, PGS);硫酸二糖基二醚(Sulfated mannosyl glucosyl diether, S-DGD-1);二糖基二醚(Mannosyl glucosyl diether, DGD-1);未知酯类(Unidentified glycolipids, GPs);未知糖脂(Unidentified glycolipids, UGLs)

表 3-21　菌株 516 及其相似菌株生理生化特征差异

实验名称	516	*Halomarina oriensis*
大小	0.6~0.9 μm	0.6~2.0 μm
NaCl 范围	8%~30%	10%~30%
最适 NaCl 范围	18%~20%	15%
温度范围	30~55 ℃	20~42 ℃
最适温度范围	37~45 ℃	37 ℃
pH 范围	6.5~8.0	7.0~9.0
最适 pH 范围	7.0~7.5	7.0~8.0
木糖 Xylose	(+)	+
淀粉 Starch	+	+
乳糖	(+)	+
丙酮酸盐 pyruvate	-	+
琥珀酸盐 Succinate	+	-
核糖	-	+
硝酸盐还原	+	+
Tween40	++	+
G+C%	63.2%	67.7%

3.3.5.5　菌株 516 的菌株描述

菌株为红色,球状。NaCL 生长范围为 8%~30%,最适生长浓度为 18%~20%;温度生长范围为 30~55 ℃,最适生长温度为 37~45 ℃;pH 生长范围为 6.5~8.0,最适生长 pH 为 7.0~7.5。过氧化氢酶和氧化酶都为阳性,能把硝酸盐还原到氮,但不能还原到亚硝酸盐。淀粉、纤维素以及酪蛋白水解都呈阴性,吐温 20、40、60、80 水解为阳性。在 Mn^{2+} 浓度为 400 mg/L 的环境中依然生长良好;在 Cr^{2+} 浓度为 50 mg/L 时便无法生长;在 Cu^{2+} 浓度为 10 mg/L 左右可以生长,但在浓度达到 30 mg/L 时便无法生长;对于 Zn^{2+} 的最大耐受浓度为 30~50 mg/L,浓度达到 50 mg/L 时无法生长,该菌株对 Na^+ 的依赖较为明显,NaCl 浓度在 20% 时生长旺盛,但将 20% 的 NaCl 替换为 10% KCl、20% KCl、10% $MgCl_2·6H_2O$ 或者是 20% $MgCl_2·6H_2O$ 时,菌株都无法生长;但将 20% 的 NaCl 替换为 10% NaCl + 10% KCl 或者是 10% NaCl + 10% $MgCl_2·6H_2O$ 时,菌株虽然长势较弱,但有明显生长。药敏性方面:制菌霉素对其有抑制作用,但红霉素、多粘菌素 B、庆大霉素、诺氟沙星、新生霉素、氨苄西林、氯霉素、杆菌肽、利福平、新霉素、卡那霉素、万古霉素、四环素对其都不具有抑制作用。极性脂中含有 4 种磷脂:PGP - Me,磷脂酰甘油磷酸甲基脂(PGP - Me,)、磷脂酰甘油硫酸(PGS)、磷脂酰甘油(PG)和 1 种未知脂类(PA);6 种糖脂:硫酸二糖基二醚(S - DGD - 1)和二糖基二醚(DGD - 1)和 4 种未知糖脂(UGL1,UGL2,UGL3,UGL4),将此菌株命名为 *Halegenticoccus litoricola*。

3.3.6 亚栖热菌属新种 *Meiothermus rosea* sp. nov. 菌株的鉴定

3.3.6.1 YIM 71031 与 YIM 71039 的系统进化分析

采用 Neighbour - joining(NJ)方法构建 16S rRNA 系统发育树(图 3-40)。由图可知,菌株 YIM 71031、YIM 71039 处于 *Meiothermus* 属内,并与 *Meiothermus timidus* DSM 17022^T 形成一个稳定的独立分支。16S rRNA 基因相似性分析可知,YIM 71031、YIM 71039 均与 *Meiothermus timidus* DSM 17022^T 相似性最高,分别为 98.62%、98.55%,而 YIM 71031 与 YIM 71039 这两株菌之间的序列相似性为 99.0%。YIM 71031 和 YIM 71039 的 DNA - DNA 分子杂交值为 89.92%,并且在系统进化树上聚为一支,这两株菌为 *Meiothermus* 属同一个种。YIM 71039 和 DSM 17022 的 DNA - DNA 分子杂交值为 47.99%,因此YIM 71031和 YIM 71039 这两株菌为 *Meiothermus* 的同一个新种。

YIM 71031 的 16S rRNA 基因序列为:

```
  1 gagggtgctgcgcttcgagtttgatcctggctcagggtgaacgctggcggtatgcctaag
 61 acatgcaagtcgcacggaccggtttcggctggtcagtggcggacgggtgagtaacacgtg
121 ggagacgtgccctcaagtgggggaaaaccagggaaaccctggctaatccccatgtgaa
181 cccccgcttgggcgggtgtttaaagcttcggcgcttgaggatcggcccgcggtgcatcag
241 gtagttggtggggtaatggcccaccaagccgacgacgcatagctggtctgagaggacgac
301 cagccacaggagcactgagacacgggctccactcctacgggaggcagcagttaggaatct
361 tcggcaatgggcgaaagcctgaccgaggcgatacgcttgaagggatgaagccccttcggg
421 gtgtaaacttctgaactcgggacgatgatgacggtaccgaggtaatagcaccggctaact
481 ccgtgccagcagccgcggtaatacgagggtgcgaagcgttaccggatttactgggcgt
541 aaagggcgtgtaggcggtctctcaagtccgatgctaaagactggggctcaaccccaggag
601 tgcgttggatactgggaggctagacggtcggggggtagcggaatttccgggagtagc
```

661 gtgaaatgcgcagataccggaaggaacgccaatagcgaaggcagctacctggacgacttg
721 tgacgctgaggcgcgaaagcgtggggagcaaaccggattagataccccgggtagtccacgc
781 cctaaaccatgagtgctgggtgtcccggcttctgctgggtgccgtagctaacgcgctaag
841 cactccgcctgggaagtacgcacgcaagtgtgaaactcaaaggaattgacgggggcccgc
901 acaagcggtggagcatgtggtttaattcgaagcaacgcgaagaaccttaccaggccttga
961 catgcccggaacccctctgaaaggagggggtgcccgcaagggagccgggacacaggtgct
1021 gcatggccgtcgtcagctcgtgtcgtgagatgttgggttaagtcccgcaacgagcgcaac
1081 ccctatccctagttgccagcagttcggctgggcacctcttatggagactgccctgcgaaa
1141 gcaggaggaaggcggggatgacgtctggtccgcatggcccttacggcctgggcgacacac
1201 gtgctacaatgccaaggacaaagcgctgctaccgcgagaggacgccaatcgcaaaaac
1261 cttggctcagttcggattggagtctgcaactcgactccatgaagccggaatcgctagtaa
1321 tcgcgaatcagccacgtcgcggtgaatacgttcccgggccttgtacacaccgcccgtcaa
1381 gccatggaagtgggttctgcctgaagtcgccggtagccttgggcaggcgccagggccgg
1441 gctcatgactggggctaagtcgtaacaaggtagctgtaccgaaggtgcggctggatcac
1501 ctcctaagggcagctcaatcgccctatatagtacggcg

YIM 71039 的 16S rRNA 基因序列为：

1 acagacgtcgagtttgatcctggctcagggtgaacgctggcggtatgcctaagacatgca
61 agtcgcacggaccggtttcggctggtcagtggcggacgggtgagtaacacgtgggagacg
121 tgccctcaagtggggaaaaccaggggaaaccctggctaatcccccatgtgaaccccgc
181 ttgggcgggtgttaaagcttcggcgcttgaggatcggcccgcggtgcatcaggtagttg
241 gtggggtaatggcccaccaagccgacgacgcatagctggtctgagaggacgaccagccac
301 aggagcactgagacacgggctccactcctacgggaggcagcagttaggaatcttcggcaa
361 tgggcgaaagcctgaccggagcgataccgcttgaaggatgaagcccttcggggtgtaaac
421 ttctgaactcgggacgatgatgacggtaccgaggtaatagcaccggctaactccgtgcca
481 gcagccgcggtaatacggagggtgcgagcgttacccagatttactgggcgtaaagggcgt
541 gtaggcggtctctcaagtccgatgctaaagactggggctcaacccaggagtgcgttgga
601 tactgggaggctagacggtcggagggggtagcggaatttccggagtagcggtgaaatgcg
661 cagataccggaaggaacgccaatagcgaaggcagctacctggacgacttgtgacgctga
721 ggcgcgaaagcgtggggagcaaaccggattagataccccgggtagtccacgccctaaacc
781 atgagtgctgggtgtcccggcttctgctgggtgccgtagctaacgcgctaagcactccgcc
841 tgggaagtacgcacgcaagtgtgaaactcaaaggaatttgacgggggcccgcacaagcgg
901 tggagcatgtggtttaattcgaagcaacgcgaagaaccttaccaggccttgacatgcccg
961 gaacccctctgaaaggagggggtgcccgcaagggagccgggacacaggtgctgcatggcc
1021 gtcgtcagctcgtgtcgtgagatgttgggttaagtcccgcaacgagcgcaacccctatcc
1081 ctagttgccagcagttcggctgggcactcttatggagactgcctgcgaaagcaggagga
1141 aggcggggatgacgtctggtccgcatggcccttacggcctgggcgacacacgtgcctaac
1201 aattgtcctaaggtacaaagcgctgctaccgcgagaggacgccaatcgcaaaaacctt
1261 ggctcagttcggattggagtctgcaactcgactccatgaagccggaatcgctagtaatcg

1321 cgaatcagccatgtcgcggtgaatacgttcccggggccttgtacacaccgcccgtcaagcc
1381 atggaagtgggttctgcctgaagtcgccggtagccttgggcaggcgccgagggccgggct
1441 catgactggggctaagtcgtaacaaggtagctgtaccggaaggtgcggctggatcacctc
1501 ctaagggcagctcaatcgccctatacgagttcc

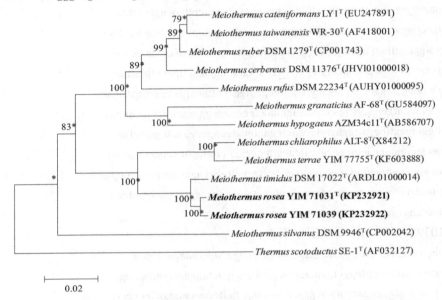

图 3-40 根据 16S rRNA 基因序列构建菌株 YIM 71031, YIM 71039 系统进化树（N-J tree）

3.3.6.2 形态学结果

菌株 YIM 71031 和 YIM 71039 在 T_5、R_2A 和 Thermus 琼脂培养基上均表现为生长较好, 培养 2 d 后均形成黄色、圆形的菌落, 并且这两株菌在 R_2A 琼脂培养基上产生浅红色色素。扫描电镜照片见图 3-41, 从扫描电镜照片可知, 这两株菌的菌体细胞均为杆状（长 2.0~4.0 μm, 宽 0.3~0.5 μm）。

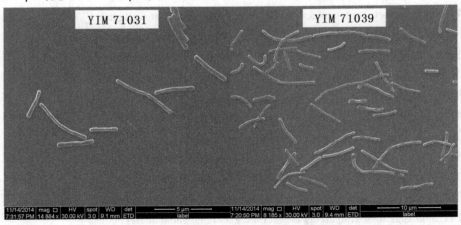

图 3-41 菌株 YIM 71031、YIM 71039 在 T5 培养基上培养 3 d 后的电子扫描照片

3.3.6.3 生理生化实验结果

菌株 YIM 71039 生长温度范围为 37~65 ℃,最适生长温度为 50 ℃;生长 pH 为范围为 6.0~8.0,最适为 7.0;NaCl 耐受范围为 0~1% NaCl (w/v),最适 NaCl 为 0%。过氧化氢、脲酶、明胶液化、牛奶凝固与陈化实验表现为阳性,氧化酶、木聚糖酶、淀粉水解、H_2S 产生、以及吐温 20、40、60、80 水解实验表现为阴性。详细的生理生化实验结果见表 3-22。

3.3.6.4 化学分类实验结果

菌株 YIM 71031 和 YIM 71039 主要的醌型为甲基萘醌 MK-8,这与 *Meithermus* 属的特征醌型相同。菌株 YIM 71031、YIM 71039 的 G+C 含量分别为 64.0 mol% 和 65.4 mol%。菌株 YIM 71039 的主要脂肪酸类型为:(>5%) 为 iso-$C_{16:0}$ (22.25%),anteiso-$C_{15:0}$ (17.31%),iso-$C_{15:0}$ (16.48%),anteiso-$C_{17:0}$ (8.10%),iso-$C_{14:0}$ (7.67%),$C_{16:0}$ (5.66%),summed feature 4 (5.52%)。菌株 YIM 71031 的主要脂肪酸类型为:iso-$C_{16:0}$ (19.81%),anteiso-$C_{15:0}$ (17.73%),iso-$C_{15:0}$ (14.86%),anteiso-$C_{17:0}$ (9.49%),summed feature 4 (7.69%),iso-$C_{14:0}$ (6.75%),$C_{16:0}$ (5.60%),iso-$C_{17:0}$ (5.05%),具体脂肪酸结果见表 3-23。细胞膜磷酸类脂分析显示这两株菌株均含有两个糖脂(GL1、GL2),一个未知类型的磷脂(PL),磷脂类型如图 3-42 有关。

表 3-22 菌株 YIM 71031、YIM 71039 及平行菌株的生理生化实验结果

Characteristic	YIM 71031	YIM 71039	DSM 17022^T
能够利用:			
缬氨酸	+	+	-
丙氨酸	-	-	+
苯丙氨酸	-	-	+
酪氨酸	-	-	+
胱氨酸	-	-	-
甘氨酸	+	w	-
丝氨酸	-	-	+
异亮氨酸	-	-	+
谷氨酸	-	-	w
可降解:			
吐温 20	-	-	++
牛奶陈化	+	+	-
H_2S 产生	-	-	+
生长条件:			
pH 生长范围	6.0~9.0	6.0~8.0	6.0~8.0
温度生长范围 (°C)	37~65	37~65	37~65
NaCl 耐受范围 (% w/v)	0~1.0	0~1.0	0~1.0

注:+,阳性或能够利用;-,阴性或不能利用;w,微弱利用。

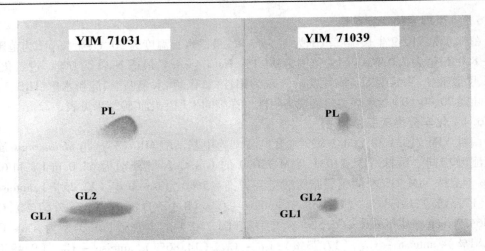

注：PL,（phospholipid,磷酯）；GL1 – GL2,（two kinds of glycolipids,2 个糖酯）。

图 3-42　菌株 YIM 71031、YIM 71039 极性脂（磷钼酸盐显色）双向薄层层析图

表 3-23　菌株 YIM 71031、YIM 71039 及平行菌株的脂肪酸测定结果

Fatty acid	YIM 71031	YIM 71039	DSM 17022
$C_{14:0}$	1.20	1.02	0.56
$C_{16:0}$	5.60	5.66	3.85
$C_{17:0}$	3.90	4.59	4.90
$C_{18:0}$	0.88	0.62	1.31
iso – $C_{14:0}$	6.75	7.67	3.73
anteiso – $C_{15:0}$	17.73	17.31	20.70
iso – $C_{15:0}$	14.86	16.48	15.91
iso – $C_{16:0}$	19.81	22.25	9.83
anteiso – $C_{17:0}$	9.49	8.10	17.38
iso – $C_{17:0}$	5.05	4.95	10.02
iso – $C_{18:0}$	2.06	1.61	1.59
Summed feature 4	7.69	5.52	4.84

注：表示微生物脂肪鉴定系统中无法分离 2～3 种脂肪酸的概括特征；概括特征 4 由 $C_{17:1}$ iso I/anteiso B 和/或 $C_{17:1}$ anteiso B/iso I 组成。

从形态学、生理生化特征来看，菌株 YIM 71031、YIM 71039 与 *Meiothermus timidus* DSM 17022^T 及其他已知的物种存在显著的差异，从化学分类特征上看与亚栖热菌属基本一致，并且在系统发育进化树上与 *Meiothermus timidus* DSM 17022^T 聚在一起并形成一个独

立的分枝。因此,综合形态、生理生化、化学分类特征以及系统进化分析等特征,建议菌株 YIM 71031、YIM 71039 为亚栖热菌属的一个新种,命名为 Meiothermus rosea,其中将菌株 YIM 71031 定义为该种的典型菌株(YIM 71031^T)。

3.3.6.5 菌株 Meiothermus rosea YIM 71039^T 的菌种描述

Meiothermus rosea (ro' se. a. L. fem. adj. rosea, rosy, produce rose-diffusible pigment on R$_2$A medium)菌株为好氧、革兰氏阴性菌株。细胞为杆状(长 2.0~4.0 μm,宽 0.3~0.5 μm),菌落为黄色圆形的突起状。温度生长范围为 37~65 ℃,最适生长温度为 50 ℃;最适生长 pH 为 6.0~8.0,最适为 7.0;NaCl 耐受范围为 0~1% NaCl(w/v)。过氧化氢、脲酶、明胶液化、牛奶凝固与胨化实验为阳性,氧化酶、木聚糖酶、淀粉水解、H$_2$S 产生、以及吐温 20、40、60、80 水解实验为阴性。能利用糊精、龙胆二糖、D-松二糖、蜜二糖、N-乙酰-D-葡糖胺、D-甘露糖、D-果糖、D-半乳糖、3-甲酰葡糖、D-果糖、L-果糖、L-鼠李糖、D-葡糖-6-磷酸、D-果糖-6-磷酸、L-组胺、胶质、D-半乳糖醛酸、L-半乳糖醛酸内酯、D-葡糖醛酸、葡糖醛酰胺、丙酮酸甲酯、α-酮-戊二酸、α-羟基-丁酸、β-羟基-L 丁酸、α-酮-丁酸、乙酰乙酸、甲酸为唯一碳源;不能利用 D-麦芽糖、D-海藻糖、D-纤维二糖、蔗糖、木苏糖、α-D-乳糖、β-甲酰-D-葡糖苷、D-水杨苷、N-乙酰-D-葡糖胺、N-乙酰-D-甘露糖胺、N-乙酰-D-半乳糖胺、N-乙酰神经氨酸、α-D-葡糖、肌苷、D-甘露醇、D-阿拉伯醇、肌醇、甘油、凝胶、D-葡糖酸、粘酸、奎宁酸、糖质酸、p-羟基-苯乙酸、D-乳酸甲酯、L-乳酸、柠檬酸、D-苹果酸、L-苹果酸、溴-丁二酸、γ-氨基-丁酸、β-羟基-L 丁酸、丙酸、乙酸、甲酸。能利用氨基乙酰-L-脯氨酸、L-丙氨酸、L-精氨酸、L-谷氨酸、L-缬氨酸、L-甲硫氨酸、甘氨酸、L-脯氨酸为唯一氮源;不能利用 D-丝氨酸、L-天冬氨酸、L-焦谷氨酸、L-苏氨酸、L-苯丙氨酸、L-酪氨酸、L-胱氨酸、L-丝氨酸、L-赖氨酸、L-组氨酸、L-异亮氨酸、L-谷氨酰胺。硝酸盐还原实验、精氨酸双水解酶、尿酶、七叶灵水解、明胶液化、半乳糖苷酶实验为阳性;吲哚产生实验、葡糖糖酸化实验为阴性(API 20NE 试剂条)。碱性磷酸酶、酯酶(C4)、类脂酯酶(C8)、白氨酸芳胺酶、缬氨酸芳胺酶、胱氨酸芳胺酶、胰蛋白酶、酸性磷酸酶、萘酚-AS-BI-磷酸水解酶、β-半乳糖苷酶、α-葡萄糖苷酶、β-葡萄糖苷酶实验为阳性;类脂酶(C14)、胰凝乳蛋白酶、α-半乳糖苷酶、β-糖醛酸苷酶、N-乙酰-葡萄糖胺酶、α-甘露糖苷酶、β-岩藻糖苷酶实验为阴性(API ZYM 试剂条)。对哌拉西林、诺氟沙星、万古霉素、阿米卡星、新生霉素、氯霉素、庆大霉素、红霉素、多粘菌素 B、环丙沙星、头孢呋辛钠、四环素、青霉素 G 敏感,对磺胺甲恶唑/甲氧苄啶、苯唑西林、奥卜托新不敏感。主要醌型为 MK-8。YIM 71031、YIM 71039 的 G+C 含量分别为 64.0 mol% 和 65.4 mol%。主要脂肪酸类型(>5%)为 $C_{16:0}$(11.68%)、$C_{17:0}$(5.68%)、$C_{18:0}$(7.14%)、anteiso-$C_{15:0}$(12.19%)、iso-$C_{15:0}$(15.42%)、iso-$C_{16:0}$(10.87%)、anteiso-$C_{17:0}$(12.57%)、iso-$C_{17:0}$(13.6%)。主要的磷酸类脂类型有两个糖脂(GL1、GL2)和一个未知类型的磷脂(PL)。

典型菌种 YIM 71031^T(=JCM 30647^T=NBRC 110900^T)分离自云南烤烟根际土。

3.3.7 红细菌属新种 Rhodobacter calidiresistens sp. nov. 菌株的鉴定

3.3.7.1 YIM 71061 与 YIM 71281 的系统进化分析

采用邻接法构建 16S rRNA 系统发育树(N-J tree)(图 3-43)发现,菌株 YIM 71061、YIM 71281 处于红细菌属(Rhodobacter)内,并与 Rhodobacter blasticus ATCC 33485^T 形成一个稳定的独立分支。由 16s rRNA 基因相似性分析可知, YIM 71061、YIM 71281 均与 Rhodobacter blasticus ATCC 33485^T 相似性最高,分别为 96.08%、95.88%,而 YIM 71061 与 YIM 71281 这两株菌之间的序列相似性为 99.0%。YIM 71061 和 YIM 71281 的 DNA-DNA 分子杂交值为 79.73%,并且在系统进化树上聚为一支,这两株菌为红细菌属同一个种。YIM 71281 和 ATCC 33485 的 DNA-DNA 分子杂交值为 18.36%,因此 YIM 71061 和 YIM 71281 这两株菌为红细菌属的同一个新种。

YIM 71061 的 16S rRNA 基因序列为:

```
   1 cctagagcggcaggcctaacacatgcaagtcgagcgccccgcaaggggagcggcgacgg
  61 gtgagtaacgcgtgggaacgtgcccccaaggtacggaatagcccgggaaactggagtaa
 121 taccgtatgtgccctacggggaaagatttatcgccttgggatcggcccgcgttggatta
 181 ggtagttggtgggtaatggcctaccaagccgacgatccatagctggttttgagaggatga
 241 tcagccacactgggactgagacacggcccagactcctacgggaggcagcagtggggaatc
 301 ttagacaatgggcgcaagcctgatctagccatgccgcgtgagcgatgaaggccttaggt
 361 tgtaaagcttctttcaggggggaagataatgactgtaccccagaagaagcccccggctaa
 421 ctccgtgccagcagccgcggtaatacgagggggctagcgttgttcggaattactgggcg
 481 taaagcgcacgtaggcggactggaaagtcagaggtgaaatcccagggctcaaccttgaa
 541 ctgcctttgaaaactcccggccttgaggtcgagagaggtgagtggaattccgagtgtagag
 601 gtgaaattcgtagatattcggaggaacaccagtggcgaaggcggctcactggctcgatac
 661 tgacgctgaggtgcgaaagcgtggggagcaaacaggattagataccctggtagtccacgc
 721 cgtaaacgatgaatgccagtcgtcggcaagcatgcttgtcggtgtcacacctaacggatt
 781 aagcattccgcctggggagtacggccgcaaggttaaaactcaaaggaatttgacggggc
 841 ccgcacaagcggtggagcatgtggtttaattcgaagcaacgcgcagaaccttaccaaccc
 901 ttgacatggcggtcgcgggcctcagagatgaggctttcagttcggctggaccgcacacag
 961 gtgctgcatggctgtcgtcagctcgtgtcgtgagatgttcggttaagtccggcaacgagc
1021 gcaacccaccactttcagttgccatcattcagttggggcacctctggaagaactgccggtg
1081 ataagccggaggaaggtgtggatgacgtcaagtcctcatggcccttacggtttgggctac
1141 acacgtgctacaatggtgggtgacaatgggttaatccccaaaagccatcctcagcttcgg
1201 attgtcgtctgcaactcggccggcatgaagtcggaatcgctagtaatcgcgtaacagcatg
1261 acgcggtgaatacgttcccgggccttgtacacaccgcccgtcacaccatgggaattgggt
1321 ttaccccgacgacggtgcgctaacctgcaaaggaggcagccggccacgtaggctcagtga
1381 ctggggtgaagtcgtaacaaggtagccgtaggggaacctgcggctggatc tact
```

YIM 71281 的 16S rRNA 基因序列为:

```
   1 tgaaaacaaggacatgattacgccagctgcccttcagagtttgatcctggctcagaacga
```

```
 61 acgctggcggcaggcctaacacatgcaagtcgagcgccccgcaaggggagcggcggacgg
121 gtgagtaacgcgtgggaacgtgccccaaggtacggaatagcccgggaaactgggagtaa
181 taccgtatgtgccctacgggggaaagatttatcgccttgggatcggcccgcgttggatta
241 ggtagttggtggggtaatggcctaccagccgacgatccatagctggttttgagaggatga
301 tcagccacactgggactgagacacggcccagactcctacgggaggcagcagtggggaatc
361 ttaggcaatgggcgcaagcctgatctagccatgccgcgtgagcgatgaaggccttagggt
421 tgtaaagctctttcagggggaagataatgactgtaccccagaagaagcccggctaac
481 tccgtgccagcagccgcggtaatacggaggggctagcgctgttcggaattactgggcgt
541 aaagtgcacgtaggcggactggaaagtcagaggtgaaatcccagggctcaaccttggaac
```

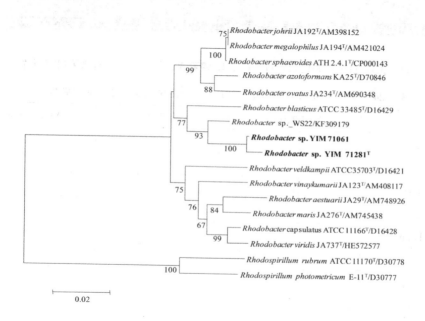

图 3-43 根据 16S rRNA 基因序列构建菌株 YIM 71061，YIM71281 系统进化树（N-J tree）

3.3.7.2 形态特征

菌株 YIM 71061 和 YIM 71281 在 T_5、R_2A 琼脂培养基上均表现为生长较好，培养 2 d 时菌落为乳白色、圆形菌落，之后变为红色、圆形菌落。扫描电镜照片如图 3-44 所示，从电镜照片中可以看到，菌体细胞呈现不规则杆状（长 1.4~2.3 μm，宽 0.3~0.5 μm），细胞表面凹凸不平。

3.3.7.3 生理生化实验结果

菌株 YIM 71061、YIM 71281 均为好氧、革兰氏阴性菌株。生长温度范围为 20~50 ℃，最适为 45 ℃；pH 耐受范围为 5.0~8.0，最适 pH 为 7.0；NaCl 耐受范围为 0~1% NaCl（W/V），最适生长的 NaCl 浓度为 0%。过氧化氢酶、吐温 40 水解、牛奶凝固与陈化实验表现为阳性；氧化酶、木聚糖酶、淀粉水解、H_2S 产生以及吐温 20、60、80 水解实验表现为阴性。详细生理生化结果见表 3-24。

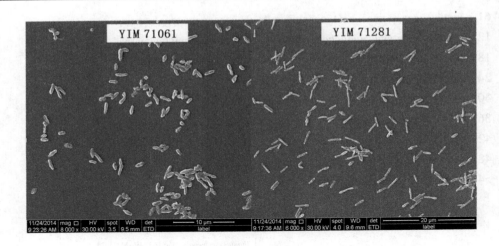

图 3-44 菌株 YIM 71061、YIM 71281 在 T5 培养基上培养 3 d 后的电子扫描照片

表 3-24 菌株 YIM 71061、YIM 71281 及平行菌株的生理生化实验结果

Characteristic	YIM 71061	YIM 71281	ATCC 33485^T
Utilization of			
Valine	+	+	−
Threonine	+	+	−
Alanine	+	+	−
Phenylalanine	+	+	−
Cystine	+	+	−
Methionine	+	+	−
Glycine	+	+	−
Histidine	+	+	−
Isoleucine	+	+	−
Growth			
pH growth range	5.0~8.0	5.0~8.0	5.0~8.0
growth temperature (℃)	20~50	20~50	15~37
NaCl tolerance (% w/v)	0~1.0	0~1.0	0~1.0

3.3.7.4 化学分类实验结果

菌株 YIM 71061 和 YIM 71281 的主要醌型为泛醌 Q9 和 Q10,这与 *Rhodobacter* 属的特征相似。细胞膜磷酸类脂分析该菌株含有磷脂酰乙醇胺(PE)、磷脂酰甲基乙醇胺(PME)、磷脂酰胆碱(PC)、磷脂酰甘油(PG)、双磷脂酰甘油(DPG)和一种未知结构的氨基磷脂(AL)。磷酸类脂类型见图 3-45。

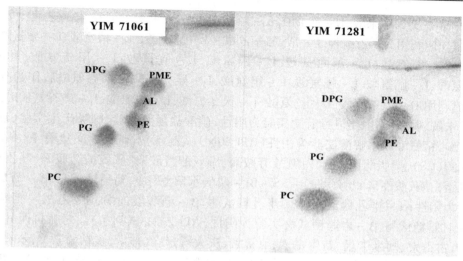

注：PC，磷脂酶胆碱（phosphatidyl choline）；PE，磷脂酰乙醇胺（phosphatidyletholamine）；PME，磷脂酰甲基乙醇胺（phosphatidyl methyl ethaolamine）；PG，磷脂酰甘油（phosphatidylglycerol）；DPG

图 3-45　菌株 YIM 71061、YIM 71281 极性脂（磷钼酸盐显色）双向薄层层析图

由生理生化和形态学特征结果可知，菌株 YIM 71061、YIM 71281 与 *Rhodobacter blasticus* ATCC 33485^T 存在着显著差异，而在化学分类实验特征上看，与红细菌属基本保持已知，且在系统进化树上与 *Rhodobacter blasticus* ATCC 33485^T 聚在一起，并且形成独立的分支。因此，综合形态学、生理生化和化学分类特征以及系统进化分析等，建议 YIM 71061、YIM 71281 为红细菌属的一个新种，命名为 *Rhodobacter calidiresistens*，其中将菌株 YIM 71281 定义为该种的典型菌株（YIM 71281^T）。

3.3.7.5　*Rhodobacter calidiresistens* sp. nov. 的菌种描述

Rhodobacter calidiresistens (ca. li. di. ri. re. sis'tens; L. adj. calidus, hot; L. part adj. resistens, resisting; N. L. part. adj. calidiresistens, hot resisting)

菌株为好氧、革兰氏阴性菌株。细胞为不规则杆状（长 1.4~2.3 μm，宽 0.3~0.5 μm），细胞表面凹凸不平；菌落在培养 2 d 时为乳白色、圆形菌落，之后变为红色、圆形菌落。温度生长为 20~50 ℃，最适为 45 ℃；pH 耐受范围为 5.0~8.0，最适 pH 为 7.0；NaCl 耐受范围为 0~1% NaCl（W/V），最适生长的 NaCl 浓度为 0%。过氧化氢酶、吐温 40 水解、牛奶凝固与胨化实验为阳性；氧化酶、木聚糖酶、淀粉水解、H_2S 产生以及吐温 20、60、80 水解实验为阴性。能利用 D-麦芽糖、D-海藻糖、D-纤维二糖、龙胆二糖、蔗糖、D-松二糖、木苏糖、棉子糖、α-D-乳糖、蜜二糖、β-甲酰-D-葡糖苷、D-水杨苷、N-乙酰-D-葡糖胺、N-乙酰-D-半乳糖胺、α-D-葡糖糖、D-甘露糖、D-果糖、D-半乳糖、3-甲酰葡糖、D-果糖、L-果糖、L-鼠李糖、肌苷、D-山梨醇、D-甘露醇、D-阿拉伯醇、肌醇、葡糖醛酰胺、奎宁酸、L-乳酸、α-酮-戊二酸、溴-丁二酸、吐温 40、γ-氨基-丁酸、β-羟基-L丁酸为唯一碳源；而不能利用糊精、N-乙酰-D-甘露糖胺、甘油、D-葡糖-6-磷酸、D-果糖-6-磷酸、凝胶、L-组胺、胶质、D-半乳糖醛酸、L-半乳糖醛酸内酯、D-葡糖酸、D-葡糖醛酸、粘酸、糖质酸、p-羟基-苯乙酸、丙酮酸甲酯、D-乳酸甲酯、柠檬酸、D-苹果酸、L-苹果酸、α-羟基-丁酸、α-酮-丁酸、乙酰乙酸、丙酸、乙酸、甲酸。能利用 N-乙酰神经氨酸、氨基乙酰-L-脯氨酸、L-精氨酸、L-缬氨酸、L-苏氨酸、L-丙氨酸、L-苯丙氨酸、L-酪氨酸、L-胱氨酸、L-甲硫氨酸、甘氨酸、L-丝氨酸、L-脯氨酸、L-赖氨酸、L-组氨酸、L-异亮氨酸、L-谷氨酰胺作为唯一氮源;不能利用 D-天冬氨酸、D-丝氨酸、L-天冬氨酸、L-谷氨酸、L-焦谷氨酸。尿酶、七叶灵水解、明胶液化、半乳糖苷酶实验为阳性;硝酸盐还原实验、吲哚产生实验、葡糖糖酸化实验、精氨酸双水解酶实验为阴性(API 20NE 试剂条)。碱性磷酸盐酶、酯酶(C4)、类脂酯酶(C8)、类脂酶(C14)、白氨酸芳胺酶、缬氨酸芳胺酶、胱氨酸芳胺酶、胰蛋白酶、胰凝乳蛋白酶、酸性磷酸酶、萘酚-AS-BI-磷酸水解酶、α-葡萄糖甙酶、β-葡萄糖甙酶实验为阳性;α-半乳糖甙酶、β-半乳糖甙酶、β-糖醛酸甙酶、N-乙酰-葡萄糖胺酶、α-甘露糖甙酶、β-岩藻糖甙酶实验为阴性(API ZYM 试剂条)。对哌拉西林、诺氟沙星、万古霉素、阿米卡星、新生霉素、氯霉素、庆大霉素、红霉素、多粘菌素 B、苯唑西林、环丙沙星、头孢呋辛钠、四环素、磺胺甲恶唑/甲氧苄啶和青霉素 G 敏感,而对奥卜托新不敏感。主要醌型为 Q9 和 Q10。主要的磷酸类脂类型为磷脂酰乙醇胺(PE)、磷脂酰甲基乙醇胺(PME)、磷脂酰胆碱(PC)、磷脂酰甘油(PG)、双磷脂酰甘油(DPG)和一种未知结构的氨基磷脂(AL)。

典型菌种 YIM 71281^T(= CGMCC 1.15092^T = KCTC 42490^T) 分离自云南烤烟根际土。

3.3.8 类芽孢杆菌科新属 *Calidibacillus* gen. nov. , sp. nov. 菌株的鉴定

3.3.8.1 菌株 YIM 71082 系统进化分析

基于 16S rRNA 基因构建的 N-J 系统发育树见图 3-46,发现,菌株 YIM 71082 处于 *Paenibacillaceae* 科内,介于 *Paenibacillus* 属与 *Thermobacillus* 属之间,并形成一个稳定的独立分支。16s rRNA 基因相似性分析可知, YIM 71082 与 *Paenibacillus chinjuensis*、*Thermobacillus composti*、*Paenibacillus ginsengarvi* 的相似性较高,分别为:92.76%、92.75%、92.69%。因此,推测 YIM 71082 为 *Paenibacillaceae* 科内的一个新属。

YIM 71082 的 16S rRNA 基因序列为:

```
  1 gcgcgcgtgcctaatacatgcaagtcgagcggacttgcgcgtttccttcggagatgcgc
 61 aggtcagcggcggacgggtgagtaacacgtaggcaacctgcccgcaagacccgggataacg
121 gccggaaacggacgctaataccggataagcggttcctccgcatggaggggccgggaaagg
181 cggagcaatctgccacttgcggatggcctgcgcgcattagctagttggtgaggtaacg
241 gctcaccaaggcgacgatgcgtagccgacctgagagggtgatcggccacactgggactga
301 gacacggcccagactcctacggaggcaagcagtagggaatcttcggcaatgggcgaaag
361 cctgaccgagcaacgccgcgtgaagtgaggaaggtcttcggatcgtaaagctctgttgcc
421 agggacgaaggaccggaggagtaactgcctccggggtgacggtacctgagaagaaagccc
481 cggctaactacgtgccagcagccgcggtaatatgtaggtgcggttgtccggaatta
541 ttgggcgtaaagcgcgcaggcggttcgttaagtccggcgtttaagcccggggctcaac
601 cccggtacgcgcggaaaactggcaggctgagtcaggagagggaagcggaattccacgt
```

```
 661 gtagcggtgaaatgcgtagagatgtggaggaacaccagtggcgaacgcggcttcctgcc
 721 tgtaactgacgctgaggcgcgaaagcgtggggagcaaacaggattagataccctggtagt
 781 ccacgccgtaaacgatgaatgctaggtgtcagggcgtaagagtccttggtgccgaagtt
 841 aacacagtaagcattccgcctggggagtacggtcgcaagactgaaactcaaaggaattga
 901 cggggacccgcacaagcagtggagcatgtggtttaattcgaagcaacgcgaagaaccta
 961 ccaggtcttgacatcccctgaatgtcctagagataggggcaggccttttgggacagggg
1021 agacaggtggtgcatggttgtcgtcagctcgtgtcgtgagatgttgggttaagtcccgca
1081 acgagcgcaacccttgatcctagttgccagcattaagttgggcactctagggtgactgcc
1141 ggtgacaaaccggaggaaggtggggatgacgtcaaatcatcatgccccttatgacctggg
1201 ctacacacgtgctacaatggccggtacaacgggctgcgaagccgcgaggcggagccaatc
1261 cctgaaagccggtctcagttcggattgcaggctgcaactcgcctgcatgaagtcggaatt
1321 gctagtaatcgcggatcagcatgccgcggtgaatacgttcccgggtcttgtacacaccgc
1381 ccgtcacaccacgagagtttgcaacacccgaagtcggtgaggtaacccgcgagggagcca
1441 gccgccgaaggtggggcagatgattgggtgaagtcgtaacaaggtatccgtaccggaag
1501 gtgcggacat g
```

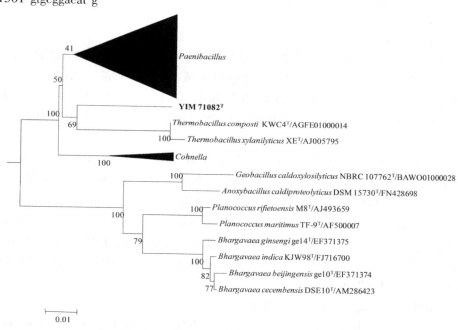

图 3-46 根据 16S rRNA 基因序列构建菌株 YIM 71082 系统进化树（N-J tree）

3.3.8.2 形态学特征

YIM 71082 在 TSA 和 LB 固体培养基上表现为生长良好,菌落为乳白色、圆形,菌苔较黏。扫描电镜照片结果见图 3-47。从扫描电镜照片中可以看出菌体细胞呈现短杆状,生有顶生孢子。(长 1.6~2.9 μm,宽 0.3~1.1 μm)。

3.3.8.3 生理生化实验结果

菌株 YIM 71082 为好氧、革兰氏阴性菌。温度生长范围为 45~60 ℃,最适生长温度

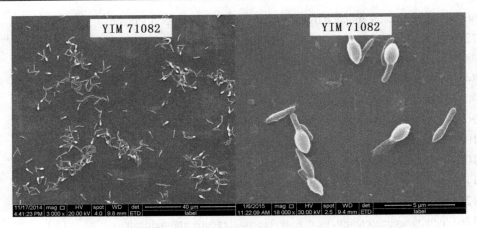

图 3-47 菌株 YIM 71082 在 TSA 培养基上培养 3 d 后的电子扫描照片

为 45 ℃；pH 耐受范围为 6.0~10.0，最适生长的 pH 值为 7.0；NaCl 耐受范围为 0~3% NaCl（W/V），最适生长的 NaCl 浓度为 0%。氧化酶、过氧化氢酶、淀粉水解、H_2S 产生、以及吐温 20、80 水解实验表现为阴性；牛奶凝固与陈化实验、木聚糖酶和吐温 40、60 水解实验表现为阳性。

3.3.8.4 化学分类实验结果

菌株 YIM 71082 菌株的磷酸类脂类型结果见图 3-48。通过分析可知该菌株的磷酸类脂类型主要有磷脂酰甲基乙醇胺（PME）、磷脂酰胆碱（PC）、磷脂酰甘油（PG）、双磷脂酰甘油（DPG）、磷脂酰肌醇甘露糖苷（PIM）、6 种糖脂（GL）、4 种未知结构的磷脂（PL）、一种含氨基的极性脂（AL）、一种含氨基的磷脂（APL）和 2 种未知结构的极性脂（L），磷脂类型如图 3-48 所示。

由生理生化和形态学特征可知，菌株 YIM 71082 与 *Paenibacillus chinjuensis*、*Thermobacillus composti*、*Paenibacillus ginsengarvi* 存在着显著差异，而在化学分类实验特征上看，与类芽孢杆菌科（Paenibacillaceae）的特征基本保持一致，且在系统进化树上位于类芽孢杆菌属（*Paenibacillus*）和嗜热芽孢杆菌属（*Thermobacillus*）之间，并且形成独立的分支。因此，综合形态学、生理生化和化学分类特征以及系统进化分析等，建议 YIM 71082 为类芽孢杆菌科的一个新属，命名为 *Calidibacillus xylanilyticus*，将该菌株定义为该属的典型种的典型菌株（YIM 71082^T）。

3.3.8.5 新属 *Calidibacillus* gen. nov 的描述

Calidibacillus (Ca. li. di. ba. cil′lus. L. adj. *calidus* hot; M. L. dim. n. *bacillus* small rod; M. L. n. *Calidibacillus* a small thermophilic rod)。

Calidibacillus 菌株为好氧、革兰氏阴性菌，产顶生孢子，无游动性，短杆状，嗜热菌。主要的磷脂类型有磷脂酰甲基乙醇胺（PME）、磷脂酰胆碱（PC）、磷脂酰甘油（PG）、双磷脂酰甘油（DPG）、磷脂酰肌醇甘露糖苷（PIM）。模式种为 *Calidibacillus xylanilyticus* sp. nov.。

3.3.8.6 *Calidibacillus xylanilyticus* gen. nov., sp. nov. 的菌种描述

Calidibacillus xylanilyticus (xy. la. ni. ly′ti. cus. Gr. n. *xylon* wood; N. L. n. *xylanum*

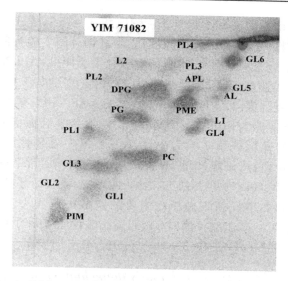

注：DPG,(Diphosphatidylglycero,双磷脂酰甘油);PG,(phosphatidylglycerol,磷脂酰甘油);PC:(phosphatidyl choline,磷脂酰胆碱);PME,(phosphatidyl methyl ethaolamine,磷脂酰甲基乙醇胺);PIM,(phosphatidylinositol mannoside,磷脂酰肌醇甘露糖苷);GL1 – GL6,(six kinds of glycolipids,6个糖酯);PL1 – PL4,(four kinds of phospholipids,四个磷脂);L1 – L2,(two kinds of lipids,两个极性酯);AL,(one aminolipid,一个含氨基极性酯);APL,(one aminophospholipid,一个氨基磷脂)。

图 3-48　菌株 YIM 71082 极性脂（磷钼酸盐显色）双向薄层层析图

xylan, a plant polysaccharide; Gr. adj. *lyticus* dissolving; M. L. adj. *xylanilyticus* hydrolysing xylan)。

菌株 YIM 71082 为好氧、革兰氏阴性菌株。细胞呈短杆状（长 1.6 ~ 2.9 μm, 宽 0.3 ~ 1.1 μm）。菌落为乳白色圆形菌落, 菌苔较黏。温度生长范围为 45 ~ 60 ℃, 最适生长温度为 45 ℃; pH 耐受范围为 6.0 ~ 10.0, 最适生长的 pH 值为 7.0; NaCl 耐受范围为 0 ~ 3% NaCl（W/V）, 最适生长的 NaCl 浓度为 0%。氧化酶、过氧化氢酶、淀粉水解、H_2S 产生、以及吐温 20、80 水解实验为阴性; 牛奶凝固与陈化实验、木聚糖酶和吐温 40、60 水解实验为阳性。能利用 D – 纤维二糖、木苏糖、棉子糖、α – D – 乳糖、蜜二糖、β – 甲酰 – D – 葡糖苷、D – 水杨苷、N – 乙酰 – D – 葡糖胺、N – 乙酰 – D – 甘露糖胺、N – 乙酰 – D – 半乳糖胺、N – 乙酰神经氨酸、α – D – 葡糖、D – 甘露糖、D – 半乳糖、3 – 甲酰葡糖、D – 果糖、L – 果糖、L – 鼠李糖、肌苷、D – 山梨醇、D – 甘露醇、肌醇、甘油、D – 葡糖 – 6 – 磷酸、D – 果糖 – 6 – 磷酸、D – 天冬氨酸、D – 丝氨酸、凝胶、氨基乙酰 – L – 脯氨酸、L – 丙氨酸、L – 精氨酸、L – 天冬氨酸、L – 谷氨酸、L – 组胺、L – 焦谷氨酸、L – 丝氨酸、胶质、D – 半乳糖醛酸、L – 半乳糖醛酸内酯、D – 葡糖酸、D – 葡糖醛酸、葡糖醛酰胺、粘酸、奎宁酸、p – 羟基 – 苯乙酸、丙酮酸甲酯、D – 乳酸甲酯、L – 乳酸、柠檬酸、α – 酮 – 戊二酸、D – 苹果酸、L – 苹果酸、吐温 40、γ – 氨基 – 丁酸、α – 羟基 – 丁酸、β – 羟基 – L 丁酸、α – 酮 – 丁酸、乙酰乙酸、乙酸、甲酸作为唯一碳源; 而不能利用糊精、D – 麦芽糖、D – 海藻糖、龙胆二糖、蔗糖、D – 松二糖、D – 果糖、D – 阿拉伯醇、糖质酸、溴 – 丁二酸、丙酸。能利用 L – 丙氨酸、L – 苯丙氨酸、甘氨酸、L – 脯氨酸作为唯一氮源; 不能利用 L – 缬氨酸、L – 苏氨酸、L – 酪氨酸、L-胱氨酸、L-甲硫氨酸、L-丝氨酸、L-赖氨酸、L-组氨酸、L-异亮氨酸、L-谷氨酰胺。硝酸盐还原实验、七叶灵水解、明胶液化、半乳糖苷酶实验为阳性、吲哚产生实验、葡萄糖酸化实验、精氨酸双水解酶实验、脲酶实验结果为阴性(API 20NE 试剂条)。碱性磷酸盐酶、酯酶(C_4)、类脂酯酶(C_8)、类脂酶(C_{14})、白氨酸芳胺酶、缬氨酸芳胺酶、胱氨酸芳胺酶、胰蛋白酶、胰凝乳蛋白酶、酸性磷酸酶、萘酚-AS-BI-磷酸水解酶、α-葡萄糖苷酶、β-葡萄糖苷酶实验为阳性;α-半乳糖苷酶、β-半乳糖苷酶、β-糖醛酸苷酶、α-甘露糖苷酶、β-岩藻糖苷酶实验为阳性,N-乙酰-葡萄糖胺酶实验为阴性(API ZYM 试剂条)。对哌拉西林、诺氟沙星、万古霉素、阿米卡星、新生霉素、氯霉素、庆大霉素、红霉素、多粘菌素 B、环丙沙星、头孢呋辛钠、四环素、磺胺甲恶唑/甲氧苄啶和青霉素 G 敏感,对苯唑西林和奥卜托新不敏感。主要的磷酸类脂类型为磷脂酰甲基乙醇胺(PME)、磷脂酰胆碱(PC)、磷脂酰甘油(PG)、双磷脂酰甘油(DPG)和一种糖脂(GL)。

典型菌种 YIM 71082^T(= KCTC 33641^T)分离自云南烟根部。

3.3.9 东川拟无枝菌酸菌(*Amycolatopsis dongchuanensis*)菌株的鉴定

拟无枝菌酸菌属(*Amycolatopsis*)是最早由 Lechevalier *et al.* 将其划分到拟无枝菌酸科(*Amycolatopsisceae*),后来又将拟无枝菌酸属(*Amycolatopsis*)进行了修正。最近 Groth 和 Lee 又对拟无枝菌酸属(*Amycolatopsis*)的描述进行了修改。拟无枝菌酸属(*Amycolatopsis*)具有Ⅳ型细胞壁,包括有复杂的饱和和支链脂肪酸。无拟无枝菌酸,磷脂类型主要包括Ⅱ型。主要醌型有 MK-9(H_4)、MK-11(H_4)和 MK-8(H_4)。DNA G+C 含量范围 66 mol% -73 mol%,微生物来源广泛,可从土壤、植物、盐湖、海洋沉积物、病原区、蔬菜、岩石等样品中分离得到。迄今为止,拟无枝菌酸属(*Amycolatopsis*)已有 52 有效发表物种。

在研究中国西南部云南省烤烟内生菌的过程中,我们分离到了菌株 YIM 75904^T。在 ISP_2 培养基平板将其进行纯化(28 ℃),ISP_2 培养基配方参照国际链霉菌手册中的成分。本书中,我们对 YIM 75904^T 进行了多相分类研究,开展了表型特征实验、化学分类实验和系统发育分类实验去证实 YIM 75904^T 属于拟无枝菌酸属(*Amycolatopsis*)。

3.3.9.1 菌株与培养条件

称取 2 g 风干样品置于装有 18 mL 无菌水和无菌玻璃珠的锥形瓶中,200 r/min 30 ℃、处理 1 h。将样品混合液用无菌水梯度稀释至 10^{-2},然后吸取 200 μL 稀释过后的混合样品涂布于 ISP_2 培养基上(国际链霉菌手册),其中培养基中添加有 25 mg/L 的萘啶酮酸和 50 mg/L 的制霉菌素用于杀灭样品中的细菌和霉菌,28 ℃培养 1 周,挑取平板上生长的单菌落并在 ISP_2 平板上进行纯化。将纯化后获得的 YIM 75904^T 常规培养于 ISP_2 培养基平板上,并用 20%的甘油管制备菌悬液于 -80 ℃进行保存。

用于化学实验和分子生物学实验的菌体细胞通过摇瓶培养 YIM 75904^T 获得。培养条件为:培养基为 ISP_2 或 TSB(TSB 为国际通用培养基,培养基配方为:15 g 胰蛋白胨,5 g 大豆蛋白胨和 5 g NaCl,pH 7.2),培养温度 28 ℃,摇床转速 200 r/min,培养时间 1 周。将收集的菌体细胞用超纯水洗涤两遍后,冷冻保藏,其中用于醌测定的菌体细胞要冷冻干燥,制备成不含水的干燥样品。

菌株 YIM 75904^T 形态学、培养特征和生理生化实验参照国际链霉菌手册进行。菌株

YIM 75904^{T}的革兰氏实验根据标准革兰氏染色实验开展。用于培养特征实验的培养基类型包括有酵母膏-麦芽膏琼脂(ISP$_2$)、燕麦片琼脂(ISP$_3$)、无机盐-淀粉琼脂(ISP$_4$)、甘油-天门冬酰胺琼脂(ISP$_5$)、PDA培养基、察氏培养基和营养琼脂培养基。气生菌丝、基生菌丝的颜色,以及产生的可溶性色素颜色的判断根据Dong和Cai的实验方法。颜色的确定根据ISCC-NBS色卡来进行比对。将YIM 75904^{T}接种于ISP$_2$培养基上37 ℃培养14天,采用光学显微镜(Philips XL30)和扫描电镜观察(ESEM-TMP)对YIM 75904^{T}的形态特征和运动性进行观察。将YIM 75904^{T}菌体从平板上刮下,用无菌水制备成菌体细胞悬液。将菌体细胞悬液超声波处理25 s用于将粘着聚集的细胞分开,用2%的戊二醛固定2 h。然后将固定后的细胞涂布于盖玻片上,将带有菌体细胞样品的盖玻片置于30%、50%、70%、90%和100%的乙醇溶液中进行梯度脱水,自然干燥后在光学显微镜下观察,找到处理较好的样品区域,切割。将切割好的样品喷金处理,然后放置于扫描电镜下进行观察。

菌株YIM 75904^{T}为G$^+$,好氧,具有运动性的球形放线菌,无菌丝。细胞聚集成团且紧紧粘着在一起,并进行出芽生殖。不产生可溶性色素,生长时菌落首先为红色,随着生长到达成熟期后,菌落又慢慢变为黑色。YIM 75904^{T}在ISP$_2$、ISP$_3$培养基上生长良好,在PDA和营养琼脂培养基上生长一般,在察氏、ISP$_5$和ISP$_4$培养基上不生长(见图3-49)。

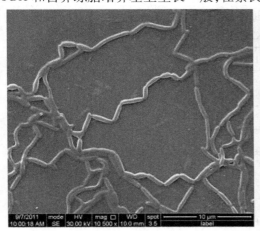 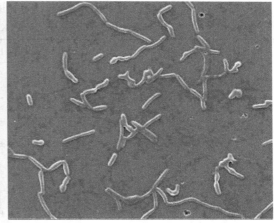

注:标尺,10 μm

图3-49　菌株YIM 75904^{T}在ISP$_2$培养基上28 ℃下生长20天的扫描电镜图

3.3.9.2　表型特征

菌株YIM 75904^{T}和其亲缘关系最近的标准菌株甘蔗拟无枝菌酸(*Amycolatopsis sacchari*)K24^{T}系列生理生化实验开展是在同一条件下进行,使实验结果具有可比性。生长温度实验包括在4 ℃、10 ℃、15 ℃、20 ℃、28 ℃、37 ℃、45 ℃和55 ℃条件下进行培养生长。采用ISP$_2$培养基作为基础培养基,分别在基础培养基添加0～20%(每个浓度梯度间隔1% 浓度,w/v)的NaCl,考察对盐浓度的耐受;和不同pH值的缓冲液相混合,使pH值分别为pH 4.0、pH5.0、pH6.0、pH7.0、pH8.0、pH9.0和pH10.0进行pH实验。其中用于pH 4.0～5.0的缓冲液为0.1 M柠檬酸/0.1 M柠檬酸钠;用于pH 6.0～8.0的缓冲液为0.

1 M KH_2PO_4/0.1 M NaOH；用于 pH 9.0~10.0 的缓冲液为 0.1 M $NaHCO_3$/0.1 M Na_2CO_3。以 ISP 9 培养基作为基础培养基添加不同的单一碳源，考察菌株 YIM 75904^T 和甘蔗拟无枝菌酸(*Amycolatopsis sacchari*) K24^T 对碳源的利用能力。以基础培养基添加不同的氮源来考察两株菌对氮源的不同利用能力，其中氮源利用基础培养基的配方为：1 g 葡萄糖，0.05 g $MgSO_4 \cdot 7H_2O$, 0.05 g NaCl, 0.001 g $FeSO_4 \cdot 7H_2O$ 和 0.01 g K_2HPO_4，超纯水 1 L，pH 7.2。吐温(20, 40, 60 and 80)、淀粉、纤维素、明胶的水解，硝酸盐还原，以及脲酶、氧化酶和过氧化氢酶的活性，牛奶胨化与液化等实验方法步骤参照本书第二章的方法。菌株 YIM 75904^T 可在 28~45 ℃ 上生长，最佳生长温度为 37 ℃；生长 pH 为 pH 6.0~8.0，最佳生长 pH 值为 pH 7.0；可耐受 0~2%(w/v) 的盐度，在 0~1%(w/v) 范围内生长良好。脲酶和过氧化氢酶活性为阳性，氧化酶活性为阴性。牛奶被胨化和液化，硝酸盐被还原，淀粉和 Tweens (20 和 40) 被水解；但纤维素和明胶未被降解，Tweens (60 和 80) 也未被分解。黑色素未形成、H_2S 未产生。这些结果表明菌株 YIM 75904^T 具有拟无枝菌酸菌属(*Amycolatopsis*)的典型特征，也同时存在许多与该属现有物种差异较大的性质与特点。用于区分菌株 YIM 75904^T 与其亲缘关系最近的参照菌株甘蔗拟无枝菌酸(*Amycolatopsis sacchari*) K24^T 的生理生化特征见表 3-25。菌株 YIM 75904^T 详细的生理生化特征在菌种描述中体现。

表 3-25 菌株 YIM 75904^T 与进化地位最接近的甘蔗拟无枝菌酸
(*Amycolatopsis sacchari*) K24^T 的生理生化区别

生理生化性质	1	2
碳源利用：		
纤维二糖	−	+
甘油	−	+
麦芽糖	±	+
甘露醇	−	+
醋酸钠	−	w
蔗糖	−	−
海藻糖	−	+
木糖醇	−	+
产酸碳源：		
阿拉伯糖	−	+
纤维二糖	−	+
半乳糖	−	+
乳糖	−	+
麦芽糖	−	+
甘露醇	−	+

续表 3-25

生理生化性质	1	2
鼠李糖	-	+
山梨醇		+
蔗糖		+
海藻糖		+
木糖		+
氮源利用：		
腺嘌呤		+
赖氨酸		+
水解实验：		
淀粉水解	+	-
生长范围：		
pH9.0	+	-
12 ℃	+	±
7% NaCl (w/v)	+	-

注：菌株：1，YIM 75904^T；2，甘蔗拟无枝菌酸(Amycolatopsis sacchari) K24^T；+，阳性,利用；-，阴性,不利用；w，弱阳性；±，可变性。

3.3.9.3 化学多相分类

菌株 YIM 75904^T 基因组 DNA G + C mol% 含量的测定采用高效液相色谱(HPLC)方法,以大肠杆菌(E. coli) JM - 109 为参照菌株。二氨基庚二酸和全细胞水解液中糖组分的分析参照本书第二章的方法。用于分析脂肪酸的菌体细胞收获于培养在 TSB 培养基上,28 ℃下培养 3 d,脂肪酸的提取、甲基化与分析采用美国 MIDI 公司的 Microbial Identification System (MIDI)全自动细菌鉴定系统进行脂肪酸的测定。甲基萘醌从冻干样品中的提取参照 Collins 等(1977 和 Minnikin 等的方法来进行,提取液的纯化及分析参照 Kroppenstedt 的方法通过 HPLC 来分析醌型。磷脂的提取检测采用 TCL 双相薄层层析法,其类型的鉴定参照本书第二章。菌株 YIM 75904^T 的全细胞水解物含有的成分主要为 meso - DAP、半乳糖、葡萄糖和阿拉伯糖。主要醌型为 MK - 9(H_4)。细胞脂肪酸类型主要有 iso - $C_{16:0}$、iso - $C_{15:0}$, anteiso - $C_{17:0}$ 和 anteiso - $C_{15:0}$(表 3-26)。YIM 75904^T 的磷脂包括有双磷脂酰甘油(diphosphatidylglycerol, DPG)、磷脂酰甘油(phosphatidylglycerol, PG)、lyso - 磷脂酰甘油(lyso - phosphatidylglycerol, lyso - PG)、磷脂酰胆碱(phosphatidylcholine, PC)、酰磷脂乙醇胺(phosphatidylethanolamine, PE)、甘露糖磷脂酰肌醇(phosphatidylinositol mannosides, PIM)和一种未知糖脂(见图 3-50)。YIM 75904^T DNA G + C 含量为 68.5 mol%。

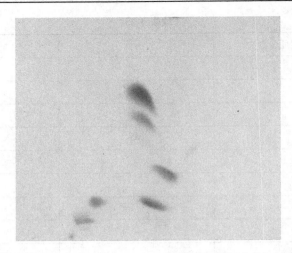

注:1,双磷脂酰甘油(diphosphatidylglycerol, DPG);2,磷脂酰甘油(phosphatidylglycerol, PG);3,酰磷脂乙醇胺(phosphatidylethanolamine, PE);4.磷脂酰肌醇(phosphatidylinositol, PI);5,甘露糖磷脂酰肌醇(phosphatidylinositol mannosides, PIM);6,一种未知糖脂(unknown glycolipids, GL)。

图 3-50 YIM 75904^T 极性酯磷钼酸盐显色分析

表 3-26 菌株 YIM 75904^T 与甘蔗拟无枝菌酸(*Amycolatopsis sacchari*) K24^T 的脂肪酸类型

脂肪酸类型	YIM 75904^T	甘蔗拟无枝菌酸 (*Amycolatopsis sacchari*) K24^T
$C_{12:0}$	0.10	0.23
$C_{13:0}$	0.24	0.06
$C_{14:0}$	0.71	0.53
$C_{16:0}$	1.24	12.72
$C_{17:0}$	0.74	2.75
$C_{16:0}\ 2-OH$	-	0.15
$C_{14:1}\omega5c$	0.10	0.07
$C_{15:1}\omega6c$	0.17	0.17
$C_{16:1}\omega5c$	-	0.13
$C_{17:1}\omega8c$	2.34	0.60
$C_{17:1}\omega6c$	9.42	12.83
$C_{18:1}\omega9c$	0.43	0.25
$iso-C_{13:0}$	0.25	0.07
$iso-C_{14:0}$	1.18	0.58
$iso-C_{15:0}$	19.02	9.49

续表 3-26

脂肪酸类型	YIM 75904^T	甘蔗拟无枝菌酸 (*Amycolatopsis sacchari*) K24^T
iso – $C_{16:0}$	19.30	35.29
iso – $C_{17:0}$	8.56	5.78
iso – $C_{18:0}$	0.26	–
iso – $C_{16:1}$ H	2.74	0.48
anteiso – $C_{13:0}$	0.16	–
anteiso – $C_{15:0}$	11.55	5.85
anteiso – $C_{16:0}$	1.25	0.21
anteiso – $C_{17:0}$	14.58	8.90
anteiso – $C_{17:1}\omega^{9c}$	0.35	–
$C_{17:0}$ 10 – methyl	0.37	–
综合成分 3	0.90	1.10
综合成分 9	2.23	0.12

注: –,无。综合成分 3 代表包含 $C_{16:1}\omega 7c$ 和 $C_{16:1}\omega 6c$ 两种脂肪酸。

3.3.9.4 分子分析

菌株 YIM 75904^T 基因组 DNA 的提取、PCR 扩增和 16S rRNA 基因序列的测定均参照 Li et al. 的方法。PCR 扩增产物选用上海生工 DNA 纯化试剂盒进行纯化。为了确定菌株 YIM75904^T 的系统发育关系,通过 BLAST 数据库和 Eztaxon 数据库将 YIM 75904^T 与拟无枝菌酸(*Amycolatopsis*)中所有有效发表的培养物和免培养物序列进行比对。并通过 CLUSTAL_X 软件将 YIM 75904^T 16S rRNA 基因全长序列与拟无枝菌酸菌属(*Amycolatopsis*)中所有物种的序列进行多重比较。采用 Kimura two-parameter 模型对所提取的序列进行遗传距离计算。然后通过相邻法、最大似然值法、最大相似性法构建系统发育树,系统发育与分子进化分析采用 MEGA version 5.0 软件。对结果树形拓扑结构进行了评估,引导分析基于 1000 重复取样的数据集。微生物 *Prauserella rugosa* DSM 43194^T (AF051342)的序列作为系统发育树的外群。

YIM 75904^T 与甘蔗拟无枝菌酸(*Amycolatopsis sacchari*) K24^T DNA-DNA 分子杂交采用荧光微孔板标记法,杂交设 6 个重复,计算时取平均值。

3.3.9.5 序列登录号

YIM 75904^T 的 16S rRNA 基因序列在 GenBank 上的登录号为 JN656711。序列信息如下所示:

1 attcagagtt tgatcctggc tcaggacgaa cgctggcggc gtgcttaaca catgcaagtc
  61 gaacggtgaa cctcttcgga ggggatcagt ggcgaacggg tgagtaacac gtgggcaacc
 121 tgcccccggc tctgggataa ctccaagaaa ttggggctaa taccggatgt tcaccgcttc
 181 ccgcatgggt ggtggtggaa agggtttccg gctggggatg ggcccgcggc ctatcagctt
 241 gttggtgggg tagtggccta ccaaggcgac gacgggtagc cggcctgaga gggtgaccgg
 301 ccacactggg actgagacac ggcccagact cctacgggag gcagcagtgg ggaatattgc
 361 gcaatgggcg gaagcctgac gcagcgacgc cgcgtggggg atgacggcct cgggttgta
 421 aacctctttc agcagggacg aagcgcaagt gacggtacct gcagaagaag caccggccaa
 481 ctacgtgcca gcagccgcgg taatacgtag ggtgcaagcg ttgtccggaa ttattgggcg
 541 taaagagctc gtaggcggtt cgtcgcgtcg gctgtgaaaa cccggagctc aactccgggc
 601 ctgcagtcga tacgggcgga cttgagttcg gcaggggaga ctggaattcc tggtgtagcg
 661 gtgaaatgcg cagatatcag gaggaacacc ggtggcgaag gcgggtctct gggccgaaac
 721 tgacgctgag gagcgaaagc gtggggagcg aacaggatta gataccctgg tagtccacgc
 781 cgtaaacgtt gggcgctagg tgtggggggcc attcacggt ctccgtgccg cagctaacgc
 841 attaagcgcc ccgcctgggg agtacggccg caaggctaaa actcaaagga attgacgggg
 901 gcccgcacaa gcggcggagc atgttgctta attcgatgca acgcgaagaa ccttacctag
 961 gcttgacatg cacggaaaag cggcagagat gtcgtgtcct tcggggtcgt gcacaggtgg
1021 tgcatggttg tcgtcagctc gtgtcgtgag atgttgggtt aagtcccgca acgagcgcaa
1081 ccctcgttcc atgttgcccg cacgtgatgg tggggactca tgggagactg ccggggtcaa
1141 ctcggaggaa ggtggggatg acgtcaaatc atcatgcccc ttatgtctag gctgcaaac
1201 atgctacaat ggccggtaca aagggctgcg ataccgcgag gtggagcgaa tcccaaaaag
1261 ccggtctcag ttcggattgg ggtctgcaac tcgaccccat gaagttggag tcgctagtaa
1321 tcgcagatca gcaacgctgc ggtgaatacg ttccgggcc ttgtacacac cgcccgtcac
1381 gtcacgaaag tcgtaacgc ccgaagcggg tggcccaacc cctcgtggga gggagccgtc
1441 gaaggcggga tcggcgattg ggacgaagtc gtaacaaggt agccgtaccg gaaggtgcgg
1501 ctggatcacc tcctaatcgt cgac

为了证实 YIM 75904^T 为拟无枝菌酸属（*Amycolatopsis*）内的一个新物种，我们对 YIM 75904^T 的 16S rRNA 基因序列全长进行了测定，为 1524 个碱基。16S rRNA 序列比对结果以及系统发育分析表明，株 YIM 75904^T 位于拟无枝菌酸属（*Amycolatopsis*）。将 YIM 75904^T 16S rRNA 基因序列与 *Amycolatopsis* 属内所有菌株的相关 16S rRNA 基因序列（来源于 GenBank/EMBL/DDBJ）进行了比对，结果表明菌株 YIM 75904^T 与甘蔗拟无枝菌酸（*Amycolatopsis sacchari*）K24^T 之间序列相似性最高，为 97.9%。依此构建的 N-J 系统发育树（见图 3-51），由图可知，YIM 75904^T 与甘蔗拟无枝菌酸（*Amycolatopsis sacchari*）K24^T 在拟无枝菌酸属（*Amycolatopsis*）内构成了一个单独的亚枝，其树形可信度为 94%。同时 M-E(95%)、M-P(88%) 和 M-L(86%) 系统发育树也证实了这一点（见图 3-52，图 3-53）。在几种系统发育树构建中聚集在一起的分枝用星号在 N-J 系统发育树中进行了标注（见图 3-51）。

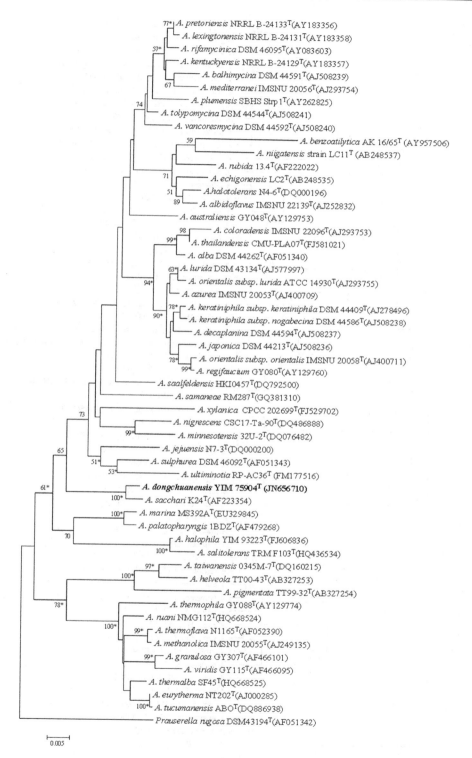

图 3-51 菌株 YIM75904^T 的 NJ 系统发育进化树

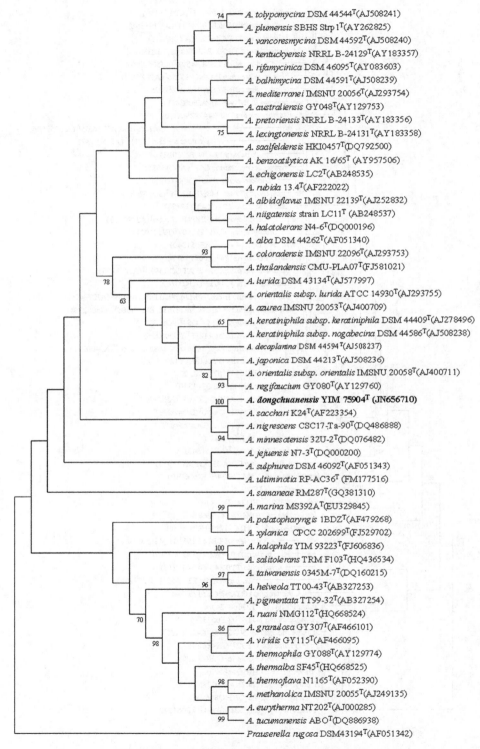

图 3-52 菌株 YIM75904^T 的 MP 系统发育进化树

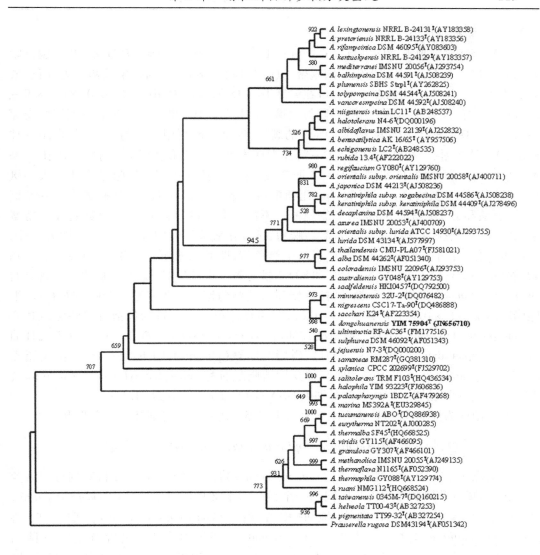

图 3-53 菌株 YIM75904^T 的 MP 系统发育进化树

菌株 YIM 75904^T 与其亲缘关系最近的的甘蔗拟无枝菌酸(*Amycolatopsis sacchari*) K24^T 的进行了 DNA–DNA 杂交实验以证实菌株 YIM 75904^T 是否真的代表了拟无枝菌酸属(*Amycolatopsis*)的一个新物种。杂交实验在 47 ℃行,设置 6 个重复,计算时取平均值。杂交结果为 45.7±1.3%,显著低于公认划分新物种的极限值 70%,因此我们建议菌株 YIM 75904^T 可被认为其代表了拟无枝菌酸属(*Amycolatopsis*)的一个新物种。

系统发育分析、形态学特征和生理生化特点均支持菌株 YIM 75904^T 位于拟无枝菌酸属(*Amycolatopsis*)。然而,由结果又可以看出,许多性质又表明菌株 YIM 75904^T 与拟无枝菌酸属(*Amycolatopsis*)已有的其它微生物物种之间存在许多差异,并不属于其中任何一个物种。因此,根据这些结果,YIM 75904^T 被认为是属于拟无枝菌酸属(*Amycolatopsis*)的一个新的物种。

3.3.9.6 新物种描述

YIM 75904^{T}细胞革兰氏染色呈 G$^+$，好氧型，产生球形菌体细胞，无菌丝产生。菌落紧紧附着于培养基上，以出芽生殖。细胞聚集成团且紧紧粘着在一起，生长初期为红色，成熟后为黑色。无可溶性色素产生。可在温度 10~45 ℃、pH 为 pH 6.0 - 8.0、NaCl 为 0 - 2%(w/v)之间生长。能够利用 L -阿拉伯糖、纤维二糖、D -果糖、D -半乳糖、甘油、麦芽糖、棉子糖、D -蔗糖、柠檬酸钠作为唯一的碳源，但是不能利用 D -葡萄糖、乳糖、D -甘露醇、D -甘露糖、醋酸钠、琥珀酸、D -海藻糖或木糖醇。能够利用 L -树胶醛糖、D -果糖、纤维二糖、鼠李糖、山梨醇和 D -木糖产酸。能够利用的氮源有：腺嘌呤、L -天冬氨酸、半胱氨酸、甘氨酸、L -谷氨酸、L -组氨酸、L -赖氨酸、L -鸟氨酸、脯氨酸、L -丝氨酸、苏氨酸和 L -酪氨酸、酪氨酸和缬氨酸。不能够利用的氮源有：L -丙氨酸、L -精氨酸、胱氨酸、次黄嘌呤和 L -苯丙氨酸。脲酶、过氧化氢酶活性阳性，氧化酶活性为阴性。牛奶可胨化与液化，硝酸盐被还原，不产生黑色素，明胶未水解。淀粉和 Tweens（20 和 40）被降解；但纤维素和 Tweens（60 和 80）未被分解。未产生 H$_2$S。全细胞水解物含有的成分主要为 meso - DAP、半乳糖、阿拉伯糖和氨基葡萄糖。主要醌型为 MK - 9(H$_4$)。细胞脂肪酸类型（>10%）主要有 iso - C$_{15:0}$、iso - C$_{16:0}$ 和 C$_{16:0}$。磷脂包括有双磷脂酰甘油 (diphosphatidylglycerol，DPG)、磷脂酰甘油（phosphatidylglycerol，PG)、lyso -磷脂酰甘油（lyso - phosphatidylglycerol，lyso - PG)、磷脂酰胆碱（phosphatidylcholine，PC)、酰磷脂乙醇胺（phosphatidylethanolamine，PE)、甘露糖磷脂酰肌醇（phosphatidylinositol mannosides，PIM)和一种未知糖脂。YIM 75904^{T}细胞 DNA G + C mol% 含量为 73.1%。

典型菌株为 YIM 75904^{T}是从位于中国西南部云南省石林烤烟叶中分离获得。

3.3.10 黑色地嗜皮菌（Geodermatophilus nigrescens）菌株的鉴定

在伯杰氏手册中，地嗜皮菌属（Geodermatophilus）最早由 Luedemann 将其划分到弗兰氏菌科，与嗜皮菌属和弗兰氏菌属同为一个科。后来又将地嗜皮菌属（Geodermatophilus）重新划分形成一个单独的地嗜皮菌科（Geodermatophilaceae）。嗜皮菌科（Geodermatophilaceae）这个分类单元由 Normand 在 1996 年提出，包含有地嗜皮菌属（Geodermatophilus）和芽球菌属（Blastococcus）。在 2000 年发现的贫养杆菌属（Modestobacter）也并入了该科中。嗜皮菌科（Geodermatophilaceae）微生物目前成功进行纯化培养的较少，迄今为止，地嗜皮菌属（Geodermatophilus）只有两个有效发表物种：昏暗地嗜皮菌（Geodermatophilus obscurus）DSM 43160^T（该属的典型菌株）和红色地嗜皮菌（Geodermatophilus ruber）DSM 43157^T。这两种微生物分别分离于沙漠和根际土壤中。这两种微生物所在地的独特生态位提示我们该属微生物可能在地球上分布广泛，尤其是在极端环境中也可进行生长。

在研究中国西南部云南省烤烟中，我们分离到了菌株 YIM 75980^T。在 ISP$_2$培养基平板将其进行纯化（28 ℃），ISP$_2$培养基配方参照国际链霉菌手册中的成分。本文中，我们对 YIM 75980^{T}进行了多相分类研究，开展了表型特征实验、化学分类实验和系统发育分类实验去证实 YIM 75980^{T}属于地嗜皮菌属（Geodermatophilus）。结果表明，YIM 75980^{T}代表了地嗜皮菌属（Geodermatophilus）的一个新物种，并命名为黑色地嗜皮菌

(*Geodermatophilus nigrescens*)。

3.3.10.1 菌株与培养条件

称取 2 g 风干样品置于装有 18 mL 无菌水和无菌玻璃珠的锥形瓶中,200 r/min 30℃条件下、处理 1 h。将样品混合液用无菌水梯度稀释至 10^{-2},然后吸取 200 μL 稀释过后的混合样品涂布于 ISP_2 培养基上,其中培养基中添加有 25 mg/L 的萘啶酮酸和 50 mg/L 的制霉菌素用于杀灭样品中的细菌和霉菌,37 ℃培养 1 周,挑取平板上生长的单菌落并在 R_2A 平板上进行纯化。将纯化后获得的 YIM 75980^T 常规培养于 ISP_2 培养基平板上,并用 20% 的甘油管制备菌悬液于 -80 ℃进行保存。用于化学实验和分子生物学实验的菌体细胞通过摇瓶培养 YIM 75980^T 获得。培养条件为:培养基为 ISP_2 或 TSB(TSB 培养基配方为:15 g 胰蛋白胨,5 g 大豆蛋白胨和 5 g NaCl,超纯水 1 L,pH 7.2),培养温度 37 ℃,摇床转速 200 r/min,培养时间 1 周。将收集的菌体细胞用超纯水洗涤两遍后,冷冻保藏,其中用于醌测定的菌体细胞要冷冻干燥,制备成绝干样品。

菌株 YIM 75980^T 为 G^+,好氧,具有运动性的球形放线菌,无菌丝。细胞聚集成团且紧紧粘着在一起,并进行出芽生殖(图 3-54)。不产生可溶性色素,生长时菌落首先为红色,随着生长到达成熟期后,菌落又慢慢变为黑色。YIM 75980^T 在 ISP_2、ISP_3 培养基上生长良好,在 PDA 和营养琼脂培养基上生长一般,在察氏、ISP_5、和 ISP_4 培养基上不生长。

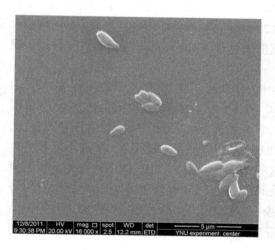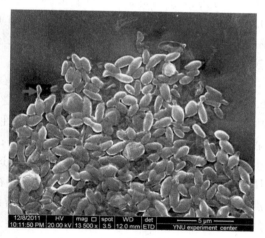

图 3-54 菌株 YIM 75980^T 在 ISP_2 培养基上 37 °C 条件下生长 7 天的扫描电镜形态

3.3.10.2 表型特征

菌株 YIM 75980^T 形态学、培养特征和生理生化实验参照国际链霉菌手册进行。菌株 YIM 75980^T 的革兰氏实验根据标准革兰氏染色实验开展。用于培养特征实验的培养基类型包括有酵母膏-麦芽膏琼脂(ISP_2)、燕麦片琼脂(ISP_3)、无机盐-淀粉琼脂(ISP_4)、甘油-天门冬酰胺琼脂(ISP_5)、PDA 培养基、察氏培养基和营养琼脂培养基。气生菌丝、基生菌丝的颜色,以及产生的可溶性色素颜色的判断根据 Dong 和 Cai 的实验方法。颜色的确定根据 ISCC-NBS 色卡来进行比对。将 YIM 75980^T 接种于 ISP_2 培养基上 37 ℃培养 14 天,采用光学显微镜(Philips XL30)和扫描电镜观察(ESEM-TMP)对 YIM 75980^T 的形态特征和运动性进行观察。将 YIM 75980^T 菌体从平板上刮下,用无菌水制备成菌体细胞悬液。将菌体细胞悬液超声波处理 25 s 用于将粘着聚集的细胞分开,用 2% 的戊二醛固定 2 h。然后将固定后的细胞涂布于盖玻片上,将带有菌体细胞样品的盖玻片置于 30%、50%、70%、90% 和 100% 的乙醇溶液中进行梯度脱水,自然干燥后在光学显微镜下观察,找到处理较好的样品区域,切割。将切割好的样品喷金处理,然后放置于扫描电镜下进行观察。菌株 YIM 75980^T 和其亲缘关系最近的标准菌株昏暗地嗜皮菌(*Geodermatophilus obscurus* DSM 43160^T)系列生理生化实验开展是在同一条件下进行,使实验结果具有可比性。生长温度实验包括在 4 ℃、10 ℃、15 ℃、20 ℃、28 ℃、37 ℃、45 ℃ 和 55 ℃ 条件下进行培养生长。采用 ISP$_2$ 培养基作为基础培养基,分别在基础培养基添加 0 ~ 20%(每个浓度梯度间隔 1% 浓度,w/v)的 NaCl,考察对盐浓度的耐受;和不同 pH 值的缓冲液相混合,使 pH 值分别为 pH 4.0、pH5.0、pH6.0、pH7.0、pH8.0、pH9.0 和 pH10.0 进行 pH 实验。其中用于 pH 4.0 ~ 5.0 的缓冲液为 0.1 M 柠檬酸/0.1 M 柠檬酸钠;用于 pH 6.0 ~ 8.0 的缓冲液为 0.1 M KH$_2$PO$_4$/0.1 M NaOH;用于 pH 9.0 ~ 10.0 的缓冲液为 0.1 M NaHCO$_3$/0.1 M Na$_2$CO$_3$。以 ISP$_9$ 培养基作为基础培养基添加不同的单一碳源,考察菌株 YIM 75980^T 和昏暗地嗜皮菌(*Geodermatophilus obscurus* DSM 43160^T)对碳源的利用能力。以基础培养基添加不同的氮源来考察两株菌对氮源的不同利用能力,其中氮源利用基础培养基的配方为:1 g 葡萄糖,0.05 g MgSO$_4$·7H$_2$O,0.05 g NaCl,0.001 g FeSO$_4$·7H$_2$O 和 0.01 g K$_2$HPO$_4$,超纯水 1 L,pH 7.2。吐温(20,40,60 和 80)、淀粉、纤维素、明胶的水解,硝酸盐还原,以及脲酶、氧化酶和过氧化氢酶的活性,牛奶胨化与液化等实验方法步骤参照本书第二章方法进行。

菌株 YIM 75980^T 可在 28 ℃ ~ 45 ℃ 上生长,最佳生长温度为 37 ℃;生长 pH 为 pH 6.0 ~ 8.0,最佳生长 pH 值为 pH 7.0;可耐受 0 ~ 2%(w/v)的盐度,在 0 ~ 1%(w/v)范围内生长良好。脲酶和过氧化氢酶活性为阳性,氧化酶活性为阴性。牛奶被胨化和液化,硝酸盐被还原,淀粉和吐温(20 和 40)被水解;但纤维素和明胶未被降解,吐温(60 和 80)也未被分解。黑色素未形成、H$_2$S 未产生。这些结果表明菌株 YIM 75980^T 具有地嗜皮菌属(*Geodermatophilus*)的典型特征,也同时存在许多与该属现有物种差异较大的性质与特点。用于区分菌株 YIM 75980^T 与其亲缘关系最近的参照菌株昏暗地嗜皮菌(*Geodermatophilus obscurus*)DSM 43160^T 的生理生化特征见表 3-27。菌株 YIM 75980^T 详细的生理生化特征在菌种描述中体现。

3.3.10.3 化学多相分类

菌株 YIM 75980^T 基因组 DNA G + C mol% 含量的测定采用 HPLC 方法,以大肠杆菌(*E. coli*)JM - 109 为参照菌株。二氨基庚二酸和全细胞水解液中糖组分的分析参照本书第二章内容进行。用于分析脂肪酸的菌体细胞收获于培养在 TSB 培养基上,37 ℃ 下培养 3 天,脂肪酸的提取、甲基化与分析采用美国 MIDI 公司的 Microbial Identification System(MIDI)全自动细菌鉴定系统进行脂肪酸的测定。甲基萘醌提取及检测、磷脂的提取检测采用 TCL 双相薄层层析法参考本书第 2 章进行。

表 3-27　菌株 YIM 75980^T 与最接近的昏暗地嗜皮菌(*Geodermatophilus obscurus*) DSM 43160^T、红色地嗜皮菌(*Geodermatophilus ruber*) DSM 43157^T 生理生化特性的区别

特性	1	2	3
菌落形态	湿润,红色,黑色	干燥,黑色	湿润,亮红色,红色
碳源利用:			
甘油	+	−	ND
葡萄糖	−	+	+
麦芽糖	+	−	−
甘露醇	−	+	−
甘露糖	−	+	+
丁二酸	−	+	+
海藻糖	−	+	−
木糖醇	−	+	ND
碳源产酸:			
纤维二糖	+	−	−
半乳糖	−	+	−
葡萄糖	−	+	−
甘露醇	−	+	−
蔗糖	−	−	−
木糖醇	−	+	ND
氮源利用:			
丙氨酸	−	+	−
精氨酸	−	+	−
半胱氨酸	+	−	+
胱氨酸	−	+	−
次黄嘌呤	−	+	−
苯基丙氨酸	−	+	−
黄嘌呤	−	+	−
降解作用:			
吐温 60	−	+	−
牛奶陈化	+	−	−
牛奶凝固	+	−	−

注:菌株:1,YIM 75980^T;2,昏暗地嗜皮菌(*Geodermatophilus obscurus*) DSM 43160^T;3,红色地嗜皮菌(*Geodermatophilus ruber*) DSM 43157^T。+,阳性,能够利用;−,阴性,不能利用;ND,没有检测。

菌株 YIM 75980^T 的全细胞水解物含有的成分主要为 meso-DAP、半乳糖、阿拉伯糖和氨基葡萄糖。主要醌型为 MK-9(H$_4$)。细胞脂肪酸类型主要有 iso-C$_{15:0}$(29.4%)、iso-C$_{16:0}$(19.7%)和 C$_{16:0}$(10.9%),还含有少量的 C$_{17:0}$(9.7%)、C$_{17:1}$ω8c(4.4%)、C$_{18:1}$ω9c(4.2%)、C$_{18:0}$(4.2%)、iso-C$_{17:0}$(2.7%)、anteiso-C$_{17:0}$(2.2%)、anteiso-C$_{15:0}$(2.1%)、iso-C$_{14:0}$(2.1%)和 C$_{14:0}$(1.6%)(见表3-28)。YIM 75980^T 的磷脂包括有双磷脂酰甘油(diphosphatidylglycerol, DPG)、磷脂酰甘油(phosphatidylglycerol, PG)、lyso-磷脂酰甘油(lyso-phosphatidylglycerol, lyso-PG)、磷脂酰胆碱(phosphatidylcholine, PC)、酰磷脂乙醇胺(phosphatidylethanolamine, PE)、甘露糖磷脂酰肌醇(phosphatidylinositol mannosides, PIM)和一种未知糖脂(见图3-55)。YIM 75980^T 细胞 DNA G+C mol% 含量为73.1%。

表3-28 菌株 YIM 75980^T 与昏暗地嗜皮菌(*Geodermatophilus obscurus*)DSM 43160^T 的脂肪酸类型

Fatty acid	YIM 75980^T	昏暗地嗜皮菌 (*Geodermatophilus obscurus*)DSM 43160^T
C$_{12:0}$	0.11	0.12
C$_{13:0}$	0.11	0.27
C$_{14:0}$	1.59	2.68
C$_{16:0}$	10.85	6.34
C$_{17:0}$	9.70	7.74
C$_{18:0}$	4.17	8.13
C$_{19:0}$	0.15	0.85
C$_{14:1}$ω5c	0.13	0.30
C$_{15:1}$ω6c	0.15	0.26
C$_{17:1}$w6c	0.37	0.10
C$_{17:1}$ω8c	4.44	6.85
C$_{18:1}$ω9c	4.20	10.98
iso-C$_{13:0}$	0.23	0.14
iso-C$_{14:0}$	2.07	3.92
iso-C$_{15:0}$	29.42	7.74
iso-C$_{16:0}$	19.68	24.86
iso-C$_{17:0}$	2.65	1.67
iso-C$_{18:0}$	0.22	0.65

续表 3-28

Fatty acid	YIM 75980^T	昏暗地嗜皮菌 (*Geodermatophilus obscurus*) DSM 43160^T
iso-$C_{16:1}$H	0.10	0.94
anteiso-$C_{13:0}$	0.17	—
anteiso-$C_{15:0}$	2.09	2.56
anteiso-$C_{17:0}$	2.19	3.25
anteiso-$C_{17:1}\omega^{9c}$	0.02	0.27
$C_{17:0}$ 10-methyl	—	0.22
综合成分 3	4.19	6.99
综合成分 8	0.16	0.87
综合成分 9	0.09	0.64

注：所有数据的获得都在相同的培养及提取条件下. —, 阴性与不存在. 综合成分 3 包含一种或两种脂肪酸类型：$C_{16:1}\omega 7c$ 和 $16:1\omega 6c$.

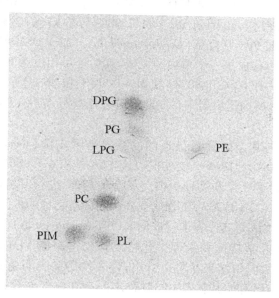

注：双磷脂酰甘油（diphosphatidylglycerol, DPG）、磷脂酰甘油（phosphatidylglycerol, PG）、lyso-磷脂酰甘油（lyso-phosphatidylglycerol, LPG）、磷脂酰胆碱（phosphatidylcholine, PC）、酰磷脂乙醇胺（phosphatidylethanolamine, PE）、甘露糖磷脂酰肌醇（phosphatidylinositol mannosides, PIM）和一种未知磷脂（an unknown phospholipid, PL）

图 3-55 菌株 YIM 75980^T 的双相薄层层析结果

3.3.10.4 分子分析

菌株 YIM 75980^{T}基因组 DNA 的提取、PCR 扩增、和 16S rRNA 基因序列的测定均参照本书第二章的方法。PCR 扩增产物选用上海生工 DNA 纯化试剂盒进行纯化。为了确定菌株 YIM 75980^{T}的系统发育关系,通过 NCBI 数据库和 Eztaxon 数据库将 YIM 75980^{T}与地嗜皮菌属(*Geodermatophilus*)中所有有效发表的培养物和免培养物序列进行比对。并通过 CLUSTAL_X 软件将 YIM 75980^{T}16S rRNA 基因全长序列与 *Kineosporiaceae* 科中所有物种的序列进行多重比较。采用 Kimura two-parameter 模型对所提取的序列进行遗传距离计算。然后通过相邻法、最大似然值法、最大相似性法构建系统发育树,系统发育与分子进化分析采用 MEGA version 5.0 和 PHYML 软件。对结果树形拓扑结构进行了评估,引导分析基于 1000 重复取样的数据集。微生物 *Humicoccus flavidus* DS-52^T(DQ321750)的序列作为系统发育树的外群。为了证实 YIM 75980^{T}为地嗜皮菌属(*Geodermatophilus*)内的一个新物种,我们对 YIM 75980^{T}的 16S rRNA 基因序列全长进行了测定,为 1524nt。16S rRNA 序列比对结果以及系统发育分析表明,株 YIM 75980^{T}位于地嗜皮菌科(*Geodermatophilaceae*)的嗜皮菌属(*Geodermatophilus*)。将 YIM 75980^{T}16S rRNA 基因序列与地嗜皮菌科(*Geodermatophilaceae*)内所有菌株的相关 16S rRNA 基因序列(来源于 GenBank/EMBL/DDBJ)进行了比对,结果表明菌株 YIM 75980^{T}与昏暗地嗜皮菌(*Geodermatophilus obscurus*)DSM 43160^{T}之间序列相似性最高,为 97.9%,同时也与红色地嗜皮菌(*Geodermatophilus ruber*)DSM 43157^{T}聚在了一起,两者序列相似性为 96.8%。依此构建的 N-J 系统发育树,由图可知,YIM 75980^{T}与昏暗地嗜皮菌(*Geodermatophilus obscurus*)DSM 43160^T、红色地嗜皮菌(*Geodermatophilus ruber*)DSM 43157^T,在地嗜皮菌科(*Geodermatophilaceae*)内构成了一个单独的亚枝,其树形可信度为 83% 和 94%。同时 M-E(83% 和 95%)、M-P(62% 和 88%)和 M-L(78% 和 86%)系统发育树也证实了这一点。在几种系统发育树构建中聚集在一起的分枝用星号在 N-J 系统发育树中进行了标注(见图 3-56)。

菌株 YIM 75980^{T}与其亲缘关系最近的的昏暗地嗜皮菌(*Geodermatophilus obscurus*)DSM 43160^{T}的进行了 DNA-DNA 杂交实验以证实菌株 YIM 75980^{T}是否真的代表了嗜皮菌属(*Geodermatophilus*)的一个新物种。杂交实验在 47 ℃进行,设置 6 个重复,计算时取平均值。杂交结果为 47.3±1.7%,显著低于公认划分新物种的极限值 70%,因此我们建议菌株 YIM 75980^{T}可被认为其代表了嗜皮菌属(*Geodermatophilus*)的一个新物种。

系统发育分析、形态学特征和生理生化特点均支持菌株 YIM 75980^{T}位于嗜皮菌属(*Geodermatophilus*)。然而,由结果又可以看出,许多性质又表明菌株 YIM 75980^{T}与嗜皮菌属(*Geodermatophilus*)已有的其它微生物物种之间存在许多差异,并不属于其中任何一个物种。因此,根据这些结果,YIM 75980^{T}被认为是属于嗜皮菌属(*Geodermatophilus*)的一个新的物种。

YIM 75980^{T}与红色地嗜皮菌(*Geodermatophilus ruber* DSM 43157^T) DNA-DNA 分子杂交采用荧光微孔板标记法,杂交设 6 个重复,计算时取平均值。

3.3.10.5 序列登录号

YIM 75980^{T}的 16S rRNA 基因序列在 GenBank 上的登录号为 JN656711。序列信息如

第3章 潜在新物种多相分类鉴定

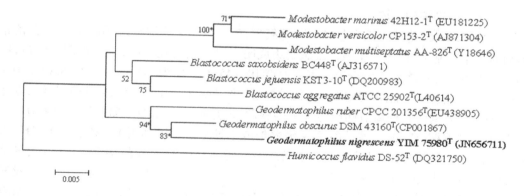

图 3-56 菌株 YIM 75980^T 的 NJ 系统进化树

下所示：

```
   1 attcagagtt tgatcctggc tcaggacgaa cgctggcggc gtgcttaaca catgcaagtc
  61 gaacggtgaa cctcttcgga ggggatcagt ggcgaacggg tgagtaacac gtgggcaacc
 121 tgcccccggc tctgggataa ctccaagaaa ttggggctaa taccggatgt tcaccgcttc
 181 ccgcatgggt ggtggtggaa agggttccg gctggggatg ggcccgcggc ctatcagctt
 241 gttggtgggg tagtggccta ccaaggcgac gacgggtagc cggcctgaga gggtgaccgg
 301 ccacactggg actgagacac ggcccagact cctacgggag gcagcagtgg ggaatattgc
 361 gcaatgggcg gaagcctgac gcagcgacgc cgcgtggggg atgacggcct tcgggttgta
 421 aacctctttc agcagggacg aagcgcaagt gacggtacct gcagaagaag caccggccaa
 481 ctacgtgcca gcagccgcgg taatacgtag ggtgcaagcg ttgtccggaa ttattgggcg
 541 taaagagctc gtaggcggtt cgtcgcgtcg gctgtgaaaa cccggagctc aactccgggc
 601 ctgcagtcga tacggccgga cttgagttcg gcaggggaga ctggaattcc tggtgtagcg
 661 gtgaaatgcg cagatatcag gaggaacacc ggtggcgaag gcgggtctct gggccgaaac
 721 tgacgctgag gagcgaaagc gtggggagcg aacaggatta gataccctgg tagtccacgc
 781 cgtaaacgtt gggcgctagg tgtggggggcc attccacggt ctccgtgccg cagctaacgc
 841 attaagcgcc cgcctgggg agtacggccg caaggctaaa actcaaagga attgacgggg
 901 gcccgcacaa gcggcggagc atgttgctta attcgatgca acgcgaagaa ccttacctag
 961 gcttgacatg cacggaaaag cggcagagat gtcgtgtcct tcggggtcgt gcacaggtgg
1021 tgcatggttg tcgtcagctc gtgtcgtgag atgttgggtt aagtcccgca acgagcgcaa
1081 ccctcgttcc atgttgcccg cacgtgatgg tggggactca tgggagactg ccggggtcaa
1141 ctcggaggaa ggtggggatg acgtcaaatc atcatgcccc ttatgtctag ggctgcaaac
1201 atgctacaat ggccggtaca aagggctgcg ataccgcgag gtggagcgaa tcccaaaaag
1261 ccggtctcag ttcggattgg ggtctgcaac tcgacccat gaagttggag tcgctagtaa
1321 tcgcagatca gcaacgctgc ggtgaatacg ttcccgggcc ttgtacacac cgcccgtcac
1381 gtcacgaaag tcgtaacgc ccgaagccgg tgcccaacc cctcgtggga gggagccgtc
1441 gaaggcggga tcggcgattg ggacgaagtc gtaacaaggt agccgtaccg gaaggtgcgg
1501 ctggatcacc tcctaatcgt cgac
```

3.3.10.6 新物种的描述

YIM 75980^{T}细胞革兰氏染色呈 G$^+$,好氧型,产生球形菌体细胞,无菌丝产生。菌落紧紧附着于培养基上,以出芽生殖。细胞聚集成团且紧紧粘着在一起,生长初期为红色,成熟后为黑色。无可溶性色素产生。可在温度 10~45 ℃、pH 为 pH 6.0~8.0、NaCl 为 0~2%(w/v)之间生长。能够利用 L-阿拉伯糖、纤维二糖、D-果糖、D-半乳糖、甘油、麦芽糖、棉子糖、D-蔗糖、柠檬酸钠作为唯一的碳源,但是不能利用 D-葡萄糖、乳糖、D-甘露醇、D-甘露糖、醋酸钠、琥珀酸、D-海藻糖或木糖醇。能够利用 L-树胶醛糖、D-果糖、纤维二糖、鼠李糖、山梨醇和 D-木糖产酸。能够利用的氮源有:腺嘌呤、L-天冬氨酸、半胱氨酸、甘氨酸、L-谷氨酸、L-组氨酸、L-赖氨酸、L-鸟氨酸、脯氨酸、L-丝氨酸、苏氨酸和 L-酪氨酸、酪氨酸和缬氨酸。不能够利用的氮源有:L-丙氨酸、L-精氨酸、胱氨酸、次黄嘌呤和 L-苯丙氨酸。脲酶、过氧化氢酶活性阳性,氧化酶活性为阴性。牛奶可胨化与液化,硝酸盐被还原,不产生黑色素,明胶未水解。淀粉和吐温(20 和 40)被降解;但纤维素和吐温(60 和 80)未被分解。未产生 H$_2$S。全细胞水解物含有的成分主要为 meso-DAP、半乳糖、阿拉伯糖和氨基葡萄糖。主要醌型为 MK-9(H$_4$)。细胞脂肪酸类型(>10%)主要有 iso-C$_{15:0}$、iso-C$_{16:0}$ 和 C$_{16:0}$。磷脂包括有双磷脂酰甘油(diphosphatidylglycerol, DPG)、磷脂酰甘油(phosphatidylglycerol, PG)、lyso-磷脂酰甘油(lyso-phosphatidylglycerol, lyso-PG)、磷脂酰胆碱(phosphatidylcholine, PC)、酰磷脂乙醇胺(phosphatidylethanolamine, PE)、甘露糖磷脂酰肌醇(phosphatidylinositol mannosides, PIM)和一种未知糖脂。YIM 75980^{T}细胞 DNA G+C mol% 含量为 73.1%。

典型菌株为 YIM 75980^{T}是从位于中国西南部云南省烟田中分离获得。

3.4 讨论

通过对菌株 YIM 71031、YIM 71039、YIM 71061、YIM 71281 的形态特征、生理生化实验及化学分类实验等多相分类实验结果的分析,可知菌株 YIM 71031、YIM 71039 具有亚栖热菌属(*Meithermus*)的形态特征及化学指标特征;YIM 71061, YIM 71281 具有红细菌属的形态特征及化学指标特征。基于 16S rRNA 基因序列进化树分析、DNA-DNA 杂交和生理生化特征试验结果数据可知,菌株 YIM 71039、YIM 71031^{T}为亚栖热菌属的一个新种,YIM 71031^{T}为该种的典型种,命名为 *Meiothermus rosea*;YIM 71061、YIM 71281^{T}为红细菌属的同一个新种,YIM 71281^{T}为该种的典型种,命名为 *Rhodobacter calidiresistens*。YIM 71082^{T}为类芽孢杆菌科的一个新属,命名为 *Calidibacillus*,YIM 71082^{T}为该属的模式种,命名为 *Calidibacillus xylanilyticus*。

参 考 文 献

[1] Buck J D. Nonstaining (KOH) method for determination of Gram reactions of marine bacteria[J]. Appl Environ Microbiol (1982)(44), 992-993.

[2] Leifson E. Atlas of Bacterial Flagellation[M]. London: Academic Press,1960.

[3] Groth I, Rodríguez C, Schütze B. Five novel *Kitasatospora* species from soil: *Kitasatospora arboriphila* sp. nov[J]., *K. gansuensis* sp. nov., *K. nipponensis* sp. nov., *K. paranensis* sp. nov. and *K. terrestris* sp. nov. Int J Syst Evol Microbiol, 2004,54, 2121-2129.

[4] Yoon S-H, Ha S-M, Kwon S, et al. Introducing EzBioCloud: a taxonomically united database of 16S rRNA gene sequences and whole-genome assemblies[J]. Int J Syst Evol Microbiol, 2017,67:1613-1617.

[5] Tamura K, Peterson D, Peterson N, Stecher G, Nei M et al. MEGA5: Molecular evolutionary genetics analysis using maximum likelihood, evolutionary distance, and maximum parsimony methods. Mol Biol Evol 2011;28:2731-2739.

[6] Saitou N, Nei M. The neighbor-joining method: a new method for reconstructing phylogenetic trees. Mol Biol Evol 1987;4:406-425.

[7] Fitch WM. Toward defining the course of evolution: Minimum change for a specific tree topology. Syst Zool 1971,20:406-416.

[8] Felsenstein J. Evolutionary trees from DNA sequences: A maximum likelihood approach. J Mol Evol 1981,17:368-376.

[9] Buck J D. Nonstaining (KOH) method for determination of Gram reactions of marine bacteria[J]. Appl Environ Microbiol,1982,44,992-993.

[10] Leifson, E. Atlas of Bacterial Flagellation[M]. London: Academic Press,1960.

[11] Groth, I., Rodríguez C, Schütze B, et al. Five novel *Kitasatospora* species from soil: *Kitasatospora arboriphila* sp. nov., *K. gansuensis* sp. nov., *K. nipponensis* sp. nov., *K. paranensis* sp. nov[J]. and *K. terrestris* sp. nov. Int J Syst Evol Microbiol,2004, 54, 2121-2129.

[12] Buck J D. Nonstaining (KOH) method for determination of Gram reactions of marine bacteria[J]. Appl Environ Microbiol 1982,44, 992-993.

[13] Leifson E. Atlas of Bacterial Flagellation[M]. London: Academic Press,1960.

[14] Groth I, Rodríguez C, Schütze B. Five novel *Kitasatospora* species from soil: *Kitasatospora arboriphila* sp. nov., *K. gansuensis* sp. nov., *K. nipponensis* sp. nov., *K. paranensis* sp. nov. and *K. terrestris* sp. nov[J]. Int J Syst Evol Microbiol,2004, 54, 2121-2129.

[15] Anzai K, Sugiyama T, Sukisaki M. etal. *Flexivirga alba* gen. nov., sp. nov., an actinobacterial taxon in the family Dermacoccaceae[J]. J Antibiot 2011,64, 613-616.

[16] Misaghi I J, Donndelinger, C R. Endophytic bacteria in symptom free cotton plants[J]. Phytopathol 1990,80: 808-811.

[17] Li J, Zhao G Z, Chen H H, etal. *Antitumour* and antimicrobial activities of endophytic *Streptomycetes* from pharmaceutical plants in rainforest. Lett Appl Microbiol 2008,47. 574-580.

[18] Buck J D. Nonstaining (KOH) method for determination of Gram reactions of marine bacteria[J]. Appl Environ Microbiol,1982,44. 992-993.

[19] Groth I, Rodríguez C, Schütze, B, etal. Five novel *Kitasatospora* species from soil: *Kitasatospora arboriphila* sp. nov., *K. gansuensis* sp. nov, *K. nipponensis* sp. nov., *K. paranensis* sp. nov. and *K. terrestris* sp. nov[J]. Int J Syst Evol Microbiol 2004,54, 2121-2129.